長良川のアユ

― 40年間の現地調査から ―

駒田 格知

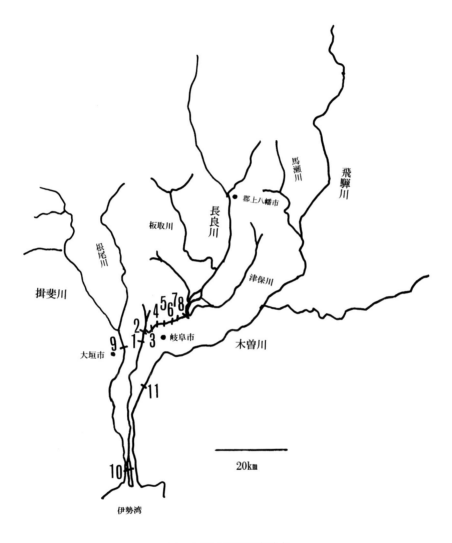

図. 木曽三川の調査地点

1：穂積大橋　2：河渡橋　3：大縄場大橋　4：忠節橋
5：金華橋　6：長良橋　7：鵜飼大橋　8：藍川橋
9：揖斐大橋　10：長良川河口堰　11：馬飼大橋

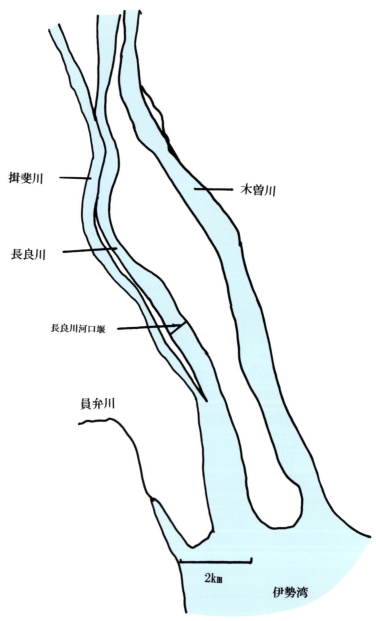

図．長良川河口堰の位置

2016年5月　長良川河口堰魚道の直下流（左側上の水面には、連日カワウ〔＝黒い点〕が群れている）

2016年5月　長良川河口堰左岸の魚道

河口堰運用前の長良川

1992年7月　墨俣地区、干潮時

1992年7月　墨俣地区、満潮時（上図と同日）

河口堰運用前の長良川

1992年7月　安八地区（平瀬が広がっている）

1992年7月　墨俣地区（平瀬、早瀬がみられる）

同一地点から見た長良川河川敷

2015年9月 下流方向の安八地区（河川整備の結果、河畔林が消滅している場所）

2015年9月 上流方向の墨俣地区（河川整備未着手。河畔林が存在する場所）

2016年7月　揖斐川大垣市万石地区
（河畔林が存在する左岸はアユがカワウに出合わなくて遡上できる）

2016年7月　長良川墨俣地区
（河畔林が消滅している。アユはこの平瀬を遡上するが、カワウに出合うことが多い）

目 次

はじめに ………………………………………………………… 1

第1章　アユの分類と生活史一般 ……………… 3
（1）アユの分類 …………………………………………… 3
（2）生活史一般 …………………………………………… 4

第2章　長良川のアユの一生 ……………………… 7
（1）産卵と孵化 …………………………………………… 7
（2）孵化仔アユの降下 …………………………………… 11
　　ポイント1　降下仔アユの遊泳力 …………………… 20
（3）稚魚（アユ）の海洋生活と遡上開始 ……………… 21
　　ポイント2　河口堰の魚道を遡上するアユ ………… 29
（4）長良川を遡上するアユ ……………………………… 30
　　ポイント3　遡上若アユの遊泳力 …………………… 42
（5）河川に定着して成長するアユ ……………………… 43
　　ポイント4　アユの生息可能尾数 …………………… 53
　　ポイント5　アユの小型化 …………………………… 54
　　ポイント6　魚類・アユの遊泳速度 ………………… 56
　　ポイント7　アユの冷水病 …………………………… 58
　　ポイント8　アユの奇形 ……………………………… 63

（6）"岐阜清流長良川の鮎"と環境 ……………………………… 67
　　ポイント9　アユが生息しやすい条件と長良川 ……………… 76
　　ポイント10　人工孵化養殖アユと遺伝子の多様性 …………… 78
　　ポイント11　アユの香りと味 …………………………………… 80
　　ポイント12　放流量、遊漁者数、漁獲量の推移 ……………… 81
　　ポイント13　長良川に生息するアユ以外の魚類 ……………… 83
（7）アユの調理・利用 ………………………………………… 85
（8）岐阜市のレッドリスト掲載種のカテゴリー区分、
　　準絶滅危惧種にアユ（天然）……………………………… 89

第3章　まとめ ……………………………………………… 93

あとがき ……………………………………………………… 95
〈参考文献〉…………………………………………………… 96

はじめに

　"長良川のアユ"に最初に関心を持ったのは、今から42年前（1972年）であった。当時はすでに長良川河口堰の建設が、大きな社会的話題として注目され、いろいろな場面で取り沙汰されており、河口堰が建設されるに伴うさまざまな対策も検討されていた時代であった。長良川は、岐阜市の金華山の麓を流れて、全国的に鵜飼でも有名であり、ダムを持たない自然の多く残っている代表的な河川である。一方では、伊勢湾台風の被害の記憶の新しい時代でもあった。

　さまざまな時代背景のもと、"河口堰建設"計画は、環境問題の起点にもなって、いろいろな立場からの議論がスタートした。中でも、時代の変遷にかかわらず主流になっていたのは、治水、利水、そして環境問題であった。河川に人工的構築物が建設されて、その事業が「現場に影響を及ぼさないわけがない」との見解は当時も今も変わっていない。何が問題なのか。その問題を解決するためには何をどのように考えていけばよいのか。自問自答を繰り返している間に時間は流れた。

　この間、常に耳に入ってきた環境問題の中心は"岐阜県の代表的な魚類アユはどうなる""どのような影響があるのか"であったように思う。河川の入口に川を堰き止めるような大きな人工構築物を建設すれば、そこに生息する魚類に何らかの影響が必ず生ずる。特に河川と海との両方に深い関わりを持つアユについてはどのように考えていけばよいのかは大きな課題となった。当時20代半ばの人間にとってできることは何かと考えたときに、浮かんだのが「長良川に生きる魚、特にアユという生物を知ろう」ということだった。

生物を通して自然界をみる場合、自然環境に大きな変化が生じたときにその影響を知るためには、10年以上の長い視点が必要だということは、少年時代に直面した伊勢湾台風の経験から感じ取っていた。少なくとも、体の動く限りの期間、継続しなければと考えたとき、「自分一人で独力で……」、でないと続かないと決心した。そして、長良川に生息するアユの実態を調査しようと思い、長良川下流漁業協同組合の組合員となった。調査方法を特定・一般化するために、長良川の漁師の人から投網の投げ方を教わった。その後、連日、近所の公園で練習を繰り返して腕を上げて自信もついた。タモ網と投網を用いて、魚類採捕による記録の蓄積を開始した。1976年の春である。一方、当時は環境汚染が多方面で話題となり、河川に生息する魚類に関しても研究が盛んであった。そこで、環境問題に直結したテーマとして、「アユの骨格系異常の発現について」という課題についても研究を開始し、現在に至っている。
　"アユの生物学" いわゆる "長良川のアユ" の調査研究を開始して40年が過ぎた。その間、長良川に出向いて、アユをはじめとして魚に接してきた日数は1200日をはるかに超える。今回、アユへの感謝を込めて、長良川のアユから知り得た情報を整理しようと思い、本書を出版することにした。
　本稿を進めるに当たって、極めて心の痛いことがある。それは、紙面と時間の制限があって、今回は "長良川のアユ" に関しての話題に限定しており、ウナギ、カジカ、アユカケ、サツキマスなどの回遊魚をはじめとして長良川に広く分布するコイ科魚類などに触れることができなかった点である。何とかして整理をしたいと思っている。

第1章　アユの分類と生活史一般

(1) アユの分類

　アユに世界共通の学名を与えたのは、TemminckとSchlegelで、Plecoglossus altivelisと名付けられ、その特徴となる器官として口部・歯系および舌唇について詳細に記述されている。アユの左右顎骨の間（吻端）に円錐歯が一列植立し、顎骨上には骨と緩やかに結合する小さく薄い板状の歯が、上顎に13～15歯列、下顎に12～14歯列あり、1歯列には約20～30本、全体で1500本以上存在する。そして、脂鰭（あぶらびれ）が存在することなどから、サケ科に含まれ、アユ亜属アユとして記載されたが、その後、アユ科アユ属アユと取り扱われたり、キューリウオ科アユ属とされたりの遍歴を経て、現在ではキューリウオ科アユ亜科アユとしているようである。アユは、河川に生息する淡水魚の中でも、姿、味、香りなどから女王的な存在として注目されるが、分類学的にもさまざまな話題を提供しているというわけである。

　長良川をはじめとして全国の河川に生息しているアユは、現在、大きく、海産アユ、湖産（琵琶湖）アユ、人工孵化養殖アユの3系統に分けられる。人工孵化養殖では、養殖（累代）されたアユを親魚とする他に、海産遡上アユを産卵期に河川に求めてそれを親魚とする場合、さらに琵琶湖アユを親魚にする場合がある。基本的には、海産遡上アユと琵琶湖放流アユの2系統ということになるが、人工養殖アユは、生活史の初期は他2者と全く異なる環境で過ごす

第 1 章　アユの分類と生活史一般

ために、"アユ"を語る場合には 3 系統に区分した方が理解しやすい。

（2）生活史一般

　毎年、早春 2 月中旬に、海産アユの第 1 陣が海洋を離れて河川に遡上を開始する。3 月はその遡上量は微々たるものであるが、4 月に入ると急激に増大し、5 月をピークにして 6 月下旬まで継続される。この場合、成長の良好な（体長70～90mm）アユほど早く遡上し、遅い時期に遡上するアユほど小さい（体長40～55mm）ことが知られている。そして、早期（3～4月）に河川に入った大型アユは、5 月には上流域まで達して、順次ナワバリを形成して定着生活を送るようになる。その後、遅れて遡上してくるアユは中流から下流域の順に定着して、それぞれの場所で河床の着生藻類を食（は）んで急激に成長して、夏季には体長150～220mmほどになる。しかし、6 月以後に遡上するアユは、小型で、下流域にとどまって夏季を迎える。下流域は流速も遅く、河床の岩石も少なく、わずかな小さい石や護岸コンクリート上の無機物（砂利、泥）の多い藻類しか摂取できないために、成長は不良で体長100mm以下である。これらはナワバリをつくることなく、"群れアユ"の生活をしている。

　9 月に入ると、上流から中流域で夏季を過ごして、体長150mm以上に成長したアユは成魚となって河川を下降し始める。そして、9 月上旬には下流域の産卵場に達して、産卵を始める個体群が出現する。その後、産卵は 9 ～12月まで継続されるが、このころには10日から 2 週間ほどで孵化する。9 月中旬～下旬に 1 回目の孵化ピークを示して、10月下旬～11月上旬にさらに大きな 2 回目のピークを示し、1 月中旬まで孵化仔（し）アユを採捕確認することができる。約30年前に、9 月に産卵・孵化する仔アユと、11月に孵化する仔アユを産

(2) 生活史一般

卵場直下で採捕し、それぞれの全長、体節数、卵黄の保有状態などを測定して2者を比較したことがある。その結果、9月に産卵・孵化する仔アユは琵琶湖産放流アユに由来し、11月の仔アユは海産遡上アユであると推定した。そして翌春、河川を遡上するアユの中には、その脊椎骨数を孵化仔魚の体節数の関係から判断する限り、琵琶湖産放流アユの子孫は混在していないと考えた。すなわち、河川に放流された琵琶湖産アユは河川にて一代限りの運命ではないかと考えたのである。それから、20年ほど経過してから、河川を遡上してくるアユのDNAは全国的にほぼ同一で、遺伝子情報からは琵琶湖産放流アユは河川遡上の海産アユと遺伝子の混乱（遺伝子の撹乱）は生じていないことが判明した。胸をなで下ろしたことを記憶している。

　秋季に産卵・孵化した仔アユは4～6日以内、すなわち卵黄吸収の完了するまでに、産卵場から海洋へと降下する。海洋では、有機物、動物プランクトンなどを摂取して、数カ月間を過ごす。そして、海と川の水温がほぼ同じになったころに、体長の大きく成長したアユから河川への遡上を開始するといわれている。一方、産卵した親アユは間もなく死亡して一生を終える。なお、一部のアユは産卵活動に加わらずに、秋季から冬季を河川の淀みなどで過ごして、いわゆる越年アユとして生き残るものもいる。これらのアユは、翌年には体長250mm以上に達するものもいるが、なかなかお目にかかれない。養老町の湧水のある小河川のワンドで群れている越年アユに数度出合ったが、希少魚と混在しているために採捕できなかったことを記憶している。

第2章　長良川のアユの一生

　長良川には大きく区分して、伊勢湾から遡上してきたアユ（海産遡上アユ）と、他の河川から、または人工孵化養殖場にて養殖されて、適当な時期（体長70～100mm）に放流されたアユ（放流アユ）の2系統のアユが生息している。放流アユには、琵琶湖由来のものや海産由来のもの、各地のダム湖などで陸封されたもの、さらにはこれらを親魚としたアユなどが含まれ、多様である。最近は、冷水病が全国的に発生していることから、琵琶湖アユの放流は消極的であると聞いている。これらのアユは、長良川にて生息し始める時期や、その由来が異なっていても、夏季には中・上流域で成長して体長150～200mmに達し、秋季には降下して下流域の岐阜市近辺で産卵・受精活動に入ることは共通している。

（1）産卵と孵化

　毎年9月上旬になると、上流域から成熟したアユが"落ちアユ"として降下を始める。そして、岐阜市近辺で産卵活動に入る。産卵された卵は、水深30～50cmの平瀬から早瀬の岩や石に付着する。いわゆる付着卵である。この場合、卵粒は直径1.0mmほどであるが、これよりも小さい礫に付着するものも多くみられる。

　アユの卵粒は直径約1.0mm程度であり、1尾の雌魚の持つ卵の数は2万～20万粒で平均約5万粒といわれ、実際に計測してもこの範囲である。体長の大きい個体ほど多くの卵粒を持っている。また、魚類の卵粒の大きさ（径）は、同じ系統であれば体長の大きいもの

第2章　長良川のアユの一生

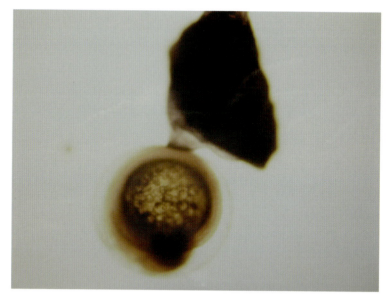

礫に付着したアユ卵（約1.0mm）

ほど大きい傾向にある。河川に放流された琵琶湖産アユの卵粒は、海産遡上アユのものよりも小さく、さらに産卵時期も1カ月ほど早いと従来からいわれてきた。実際に、長良川において調査したところ、孵化直後の降下仔アユの体長は、産卵・孵化時期の早い（9月）琵琶湖産で平均4.7mmであり、遅い（10〜11月）海産遡上アユは約6.0mmで、約1.3mmの差があることが確認された。また、これらの琵琶湖産アユ由来と思われる仔アユの体節数は、海産遡上アユよりも約2個少ないことがわかった。このことは、体節数よりも1個少なく形成される脊椎骨数にも影響する。しかし、長良川を遡上してくる若アユ群の脊椎骨数を数年間にわたって計測したが、その中にはこれら脊椎骨数の少ない個体は含まれていないことを知った。十数年前ごろから、日本の河川を遡上してくる、いわゆる海産遡上アユは、

(1) 産卵と孵化

北から南まで長い日本列島であるにもかかわらず、遺伝的には1系統であると認識されるようになった。すなわち、大正時代以後、琵琶湖産アユは全国各地の河川に放流されてきたが、それぞれの河川で子孫を残すことなく、遺伝的撹乱はなかったことを意味している。

長良川におけるアユの主たる産卵場所を知る目的で、降下孵化仔魚を各地点で橋上からプランクトンネットを流して採集した結果からみる限り、産卵場は岐阜市長良橋から瑞穂市穂積大橋の間にあると思われる。この区間は、河川の勾配が急に緩やかになり、河床の構造物が頭大や握りこぶし大の石から砂利に移行するところで、いわゆるアユの産卵場に適している。穂積大橋での採捕結果は19～21時にピークがみられ、さらに、アユ卵の孵化は日没後1～2時間（全体の約80％が孵化）にピークを迎えることがわかっていることから、長良川におけるアユの産卵・孵化場はこれより数km上流にあると思われる。これらのことからも、アユの産卵・孵化場は河口から45～52km上流地域であることは間違いないであろう。産卵は、比較的きれいな直径10～30cmの石の表面に行われるが、直径1mm以下の小さな砂にも付着するものも多く、これらの卵は出水があると流れによって下流へ流される。そのため、アユの孵化地点は産卵地点とは結果的に異なることになる。この卵の流下は流量にもよるが、1～2kmに及ぶことがわかっている。いろいろと調査をしていると、長良川におけるアユの産卵場・孵化場は約10kmの範囲で、年によってもまた時期(10～12月)によってもかなり変動していることがわかってくる。このことを利用して人工的にアユの産卵場を造成して産卵行動を誘発することが可能になり、現実に行われている。

アユ卵は水温20℃（9～10月）のときには、11～13日間ほどかかって孵化する。同じ淡水魚のウグイやオイカワでは2～4日間で孵化

するのに比べるとかなり長いことになる。このことは、孵化後の生活様式がコイ科などと異なることを暗示している。オイカワでは孵化した直後は大きな卵黄を持ち、仔魚の活動は非常に緩慢で、河床の砂や草陰に横たわっているが、アユの場合は孵化仔魚の持つ卵黄は非常に小さく、孵化後すぐに流れに乗って海まで降下して餌を摂るようになる。通常、孵化アユの卵黄は孵化後4～6日間でほぼ吸収されてしまう。このことを考えると長良川の場合、産卵・孵化場はかなり上流であり（河口から40～50km上流）、孵化後、海まではかなり長距離で、長時間を要し、その降下途中ではさまざまな環境の影響を受けると思われる。実際、穂積大橋で採集された仔アユのうち、80～90％がすでに死亡していることもあり、通常でも死亡率は数十％であり、河口域までの降下中の消耗は決して少なくない。このことは木曽川や揖斐川の場合の調査結果も全く同じである。

　一方、長良川・岐阜市内で孵化した降下仔アユを穂積大橋で採捕して、長良川の水で無給餌状態で室内飼育をしたところ、約60％以上が7日間以上生存した。このころには卵黄はほぼなくなっていた。このことは、揖斐川・大垣市で採捕した降下仔アユによる飼育実験でも同じであった。このような大河川で、産卵場が河口から40～50km上流にある場合は全国的にも少なく、通常は河口から数km上流に産卵場があることが多く、孵化仔魚はその日のうちに餌の豊富な海に降下することができる。そこで、長良川の河口域へ降下した、卵黄をほとんど持たない仔魚（卵黄指数1）を室内で、河口堰の0.5km下流の水を使用して無給餌条件下で飼育したところ、50％以上の仔魚が4日間以上生きていた。飼育に用いた水が河口堰下流の薄い海水であること、および無給餌であることを考慮した場合、実際に河口堰を流下した仔アユがプランクトンなどの餌の豊富な伊勢湾に

流入したことを思えば、多くは生きて成長するであろうと推測することは容易である。

　長良川河口堰の建設に関連して"アユの保全"の環境対策の一つとして、岐阜市内で人工授精した卵を河口堰直上に設置した人工河川にて孵化させ、堰直下へ流下させる事業が行われている。これらの孵化仔アユが孵化直後に"汽水"に流入する影響はいかがかと思い、これらの孵化仔アユを前記と同様の方法で河口堰下流0.5kmの水で飼育した。60％以上の仔魚が8〜9日間生存した。この結果は、穂積大橋で採捕した仔アユを飼育した場合よりも2〜3日長く、これを孵化場から採捕地点までに要する日数と考えると、少なくとも、これら両者の孵化仔アユは健全な状態で海洋生活に入るものと思われる。

(2) 孵化仔アユの降下

　長良川で孵化して降下する仔魚の数を降下密度（調査結果の平均）、長良川の平均流速、流量、降下時間（夜間）などを係数として推測した数値が数例ある。それによると、20億〜40億尾、7億〜56億尾、さらに6億〜120億尾という数値である。これらの値は、河口堰の建設計画時の調査結果から導き出された数値とあまり変動がみられない。どの係数も変動幅は小さいと思われるが、現実問題として最も身近で関心の深い、孵化仔アユの降下密度の算定には頭を悩ませた。なぜなら、孵化仔アユは河川の孵化場を離れて流れに身を任せて、川幅50〜100mの河川を絶え間なく流れてくる水によって流されていく。この流下仔アユの量を、プランクトンネットで採捕、計測して、さまざまな条件を考えて降下密度を算定すべく代表値をみつけることは極めて困難である。

第2章　長良川のアユの一生

　長良川・岐阜市近辺で産卵・孵化した仔アユの年間の尾数はどの程度であるかということは、長良川のアユの一生を語る上で重要であり、そのうちのどのくらいの割合で海に生きてたどり着くかを推定することはさらに重要であるが、困難極まりない。瑞穂市・穂積大橋から10・11・12月に計3～6回、19～21時にプランクトンネット（口径39cm）を4～7個設置して、それぞれの年の孵化仔アユの2時間当たり、1ネットで採集された尾数の平均値（尾数）およびその時の死亡率（平均）を算出して図に示してみた。調査は1992～2015年に行ったが、1998年、1999年、2000年、2001年の4年間は、他の野外調査の日程上、どうしても調査が1～2回しか実施できなかったので、資料からは削除した。1992～1996年および2002～2007年の計9カ年間は、採捕尾数は1ネット当たり2時間でいずれの年

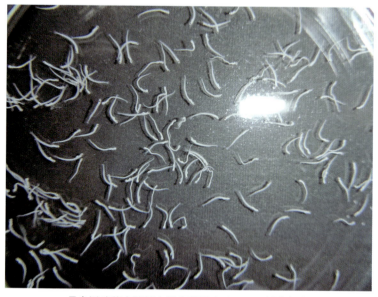

長良川瑞穂市穂積大橋を降下するアユの孵化仔魚

(2) 孵化仔アユの降下

も数尾から300尾の間であったが、2008年には2,100尾以上となり、さらに2013年には2,500尾を示した。もっとも、2008年以後毎年多量であったわけではなく、2012年には約100尾、2015年には約220尾と減少した。しかし、2008年を境にしてそれ以後は、以前に比べて降下尾数は急激に増加しているといえる。この間の最大数を示した

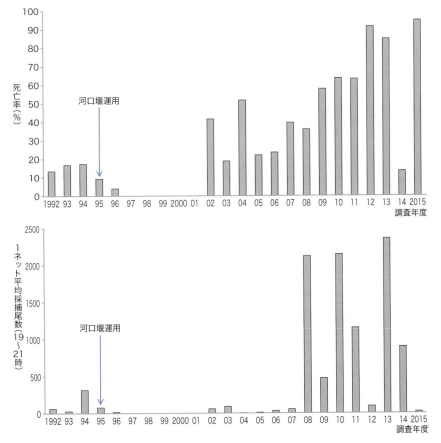

図．長良川穂積大橋地点での孵化仔アユの19〜21時に降下する1ネット当たりの尾数（下）と死亡率（上）。
（1997〜2001年の期間は調査回数が1回のみであったので図から省いている。他年度は3回以上の調査結果の平均である。）

第2章　長良川のアユの一生

年は、最小数の年の約200倍であった。

　一方、長良川・アユ孵化場から数km下流の穂積大橋での降下仔アユ採捕調査における死亡率を調べたところ、年によって著しく異なることがわかった。この調査期間中（1992～2015年）に最も死亡率の低い年は1996年で約5.0％であり、高いのは2015年の95.0％、2012年の91.0％であり、後者は前者の18～19倍であった。また、年別に比較すると、1992～1996年は5～17％であるのに対して、2002年以後は20～95％で、2002年を境にして死亡率が高くなっている。これらの年による違いの内容も出現した理由も明らかではないが、この調査に用いた方法は同じであることから、自然界の一つの現象であることには間違いないため、水理学的な方向も含めて原因の追究が必要であろう。また、伊勢湾への降下仔アユの尾数を推定する場合にも検討しなければならない要素であろう。

　長良川にて実際に降下仔アユをプランクトンネットで採集しているときに、常に、次のような疑問が浮かんだ。①降下仔アユは河川のどの場所を降下するのか（水深、流速、障害物……）すなわちどの場所で採捕すれば代表値が得られるのか、②降下していく仔アユのうち、生きて河口（伊勢湾）までたどり着くのはどのくらいの割合か、ということである。まず①では、川幅50～100mの場合、横断的にどの場所にて採捕するかを決めようとして、6または7個のネットを等間隔に設置してみた。わずか10mの違いで、多く採捕されたネットと少ないネットでは100～200倍の差がみられた。さらに、1日の違いでも数十倍の差があり、調査日によってもさまざまであった。また、降下量の平均値を知ろうとした場合にネットをいくつ設置すればよいかなど、試行錯誤の連続だった。その結果、一応現在は3または4個のプランクトンネットを設置することにしてい

(2) 孵化仔アユの降下

る。

　次に、仔アユが実際に降下する速度はどのくらいかで悩んだ。アユ仔魚の孵化後の経過日数を知る方法として、卵黄の消費を客観的に表現、すなわち卵黄の大きさを示す"卵黄指数"が一般的に用いられる。これを適用してみたが、長良川の主たる産卵場からほぼ２km下流の穂積大橋で採捕される仔アユの卵黄指数に変化がみられた。また、採捕仔魚の耳石を調べたところ、この値にも変異がみられ、さらに卵黄指数と耳石輪数の関係も調べてみたが、安定した結果は得られなかった。これらの結果から、孵化場から数km降下するのにも数日を要する個体も混入しているものと思われた。そこで、長良川における仔アユの降下速度は孵化場の下流ではどのくらいであるのかを実際に計測してみる必要が生じたのである。アユを人工孵化したときに、孵化直後の仔アユの遊泳速度は数cm/secであったことから、仔アユの降下は孵化直後ではほぼ受動的で、川の流速に従っていると思われる。このため、まず、流速を知ろうとした。その方法として、色素、粉状物、麦殻などを流して速度を測る方法を思い浮かべたが、河川管理者や漁業協同組合の合意が得られず、回収可能または消滅する物を流してみるということで、ミカンを流すことにした。実験は淡水魚類研究会の会員に協力してもらった。まず、産卵場でミカン460個を流心部に投入して、ボートでミカンを追跡する人、岸から望遠鏡で観測する人、流れていくミカンを橋の上で数える人など、投入場所から２km下流の穂積大橋までの区間に12人を配置した。その結果、最も早いミカンは45分後に２km下流に２個が達した。投入後、約90分以内に通過したのは105個で、全体の22.8％であった。投入24時間後に146個（31.7％）、２日後に78個（17.0％）が流下するのが観察された。これらの他、流下の遅れた

第2章　長良川のアユの一生

長良川河渡地区でミカンを流し、穂積大橋で流下状況の観察を行う

　ミカンは淀みやワンドにとどまっていた。4日後、川岸からとどまっているミカンを数えたところ、大きく湾曲した入り江に100個ほどが確認できた。この流下実験の結果がそのまま仔アユの降下に相当するとは考えられないが、孵化仔魚が孵化場からわずか2kmをスムーズに降下するのは、多く見積もっても50％以下であろうと想像される。従来から推測されていたように孵化日の翌朝には伊勢湾にたどり着く仔アユの割合は極めて低く、大半の仔アユは3〜5日を要して伊勢湾に流下するものと推測される。
　しかし、長良川には河口近くに堰が設置されており、その上流側は堰建設以前に比べてより流速が遅く、仔アユの降下速度は一段と鈍り、生存率は低下するものと予想されてきた。河口堰の魚道にプランクトンネットを設置して降下する仔アユを採捕したところ、生

(2) 孵化仔アユの降下

ミカンを流した後、流下するミカンをボートで追跡する

河渡地区下流部で川岸に打ち寄せられたミカン

息しているものが全体の90％以上の場合もあるし、10％以下のこともあって、極めて安定していないことがわかった。この数値の変動の様子は、上流の穂積大橋地点での変動と比べても差異が無かった。ただ、河口堰魚道の仔アユの卵黄は極めて少ない（卵黄指数0または1）ことが特徴であり、体長も穂積大橋のものに比較して約1〜2mm大きくなっている仔魚も多くみられた。ひょっとしたら、堰堤上流で、仔アユは成長しているのかもしれないとも推測された。しかし、現在のところ、堰上流域に稚アユが生存できるだけの餌料（プランクトン）があるか否か、さらに実際に餌を食べて成長しているアユが生息しているかどうかに言及できる資料は無い。課題である。いずれにしても、ここで実験にて確かめておかなければならない点がある。それは、"降下したこれらのアユは堰堤下流で生息できるか否か"である。研究室内の水槽内に堰から0.5〜1.0km下流の汽水域で採取した水を入れて、無給餌状態で、魚道にて採捕した仔アユの飼育をしてみた。その結果、飼育1日後に死亡する個体はみられず、3日間経過したときには60％が生存しており、5日後にも23％が遊泳していた。このことは、河口堰を流下した仔アユが餌の豊富な場所に至ることを加味すれば、かなり高い割合で生存し続ける

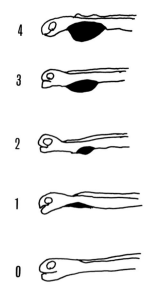

図．アユの孵化仔魚の卵黄指数、上から順に卵黄指数4、3、2、1、0（黒塗りの部分が卵黄）

(2) 孵化仔アユの降下

であろうと推定された。科学的に証明するためには客観的な対照区を設ける必要があるが、現在のところ、魚道の無い木曽川や揖斐川で同じ方法で降下仔アユを採捕して飼育実験をする手段は無い。何らかの策を講じなければならないと思っている。

　なお、長良川・木曽川・利根川を流下する仔アユの日齢について詳しく調査して、その中で1989年に長良川の河口から31km（大藪大橋）、14km（長良川大橋）、5.9km（伊勢大橋）および－3.0km（長良川河口域）で、プランクトンネットで採集された降下仔アユの日齢を調べた結果が報告されている。河口域では、耳石から推定すると流下仔魚は平均6.8日、最大のものは12日であり、卵黄指数は0であったと示されている。この結果は、長良川河口堰の運用前（1995年に運用開始）であり、運用後の河口堰の魚道におけるデータと比較して、ほとんど違いはみられない。前述したように、河口堰運用後に河口堰魚道で採捕された仔アユは、死亡個体が90％以上であることも10％以下の場合もあり、著しく偏った数値を示すことが多いが、これは堰上流の湛水域（たんすい）に降下仔アユがとどまって、死亡個体が一つの塊となって流下することに原因があると思われる。しかし、穂積大橋で採集した死んだ個体を水槽内にて曝気（ばっき）して安置したところ、5〜6日で完全に分解し消失したことから、河口堰での死亡個体には穂積大橋地点で死亡している個体は混入していないと思われる。孵化場から河口までの仔アユの生態はまだまだ不明な点が多いのである。さらに、降下仔アユの孵化場のすぐ下流（穂積大橋）でも死亡率が極めて高い場合（80％以上）もあり、卵黄も十分に保持していることもあれば、ほぼ消失されている場合もある。このことについても、それぞれに原因があると思われるが、今後の息の長い調査が必要である。

第 2 章　長良川のアユの一生

表．長良川における調査地点別の降下仔アユの採捕尾数
（プランクトンネット 2 個）

調査地点（河口からの距離km）	採捕仔魚尾数	
	2003.11	2004.11
藍川橋（60.0km）	0	0
鵜飼大橋（54.8km）	8	0
長良橋（52.6km）	6	1
金華橋（51.3km）	406	49
忠節橋（50.1km）	1281	109
河渡橋（45.0km）	1004	28
穂積大橋（43.0km）	831	16

ポイント1　降下仔アユの遊泳力

　孵化直後の仔アユの遊泳能力（巡航速度＝最も経済的な遊泳速度）は 1 ～ 6 cm/sec で極めて弱く、孵化場からは、川の水の流れの中を漂うように流されていくものと思われる。また、餌を摂るときの餌料を目がけての突進速度は10cm/secを超えるともいわれている。しかし、アユ卵の孵化場における河川水の流速は、河床付近でも20cm/secであり、泳ぐのに精一杯で、餌を摂るのは困難と思われる。また、海洋（伊勢湾）生活における周辺の海流の速さは、決して緩やかなものではないが、淡水とは異なって比重が大きいことにより、遊泳しながらの摂餌活動は可能なものであろう。

　孵化槽で孵化した直後の仔アユは、かろうじて横泳ぎの体勢が保てる程度にフラフラしている。しかし間もなく、曝気されてやや流れのある水槽の中を群れて、ゆっくりとしたスピードだが懸命に泳いでいる姿が印象的である。それでも、消化管内に餌が含まれているのが観察される。これは、まだ体が透明であるから外からみえるのである。

(3) 稚魚（アユ）の海洋生活と遡上開始

　長良川・岐阜市内（長良橋から河渡橋）で孵化した仔アユは、数日間を要して伊勢湾にたどり着く。伊勢湾には多数の動物性プランクトンをはじめとして多種多様な有機物があり、間もなく摂食活動が開始される。なお、水槽内で孵化仔魚にニワトリの卵黄を給与して飼育すると、1～2日の間に摂食を開始する。腸管内に黄色の物質がみえるので、摂食の有無がよくわかる。この時期には、自身の弁当ともいえる卵黄をしっかりと持っているのだが、摂餌も始めるというわけである。人工孵化養殖の場合には孵化当日からシオミズ

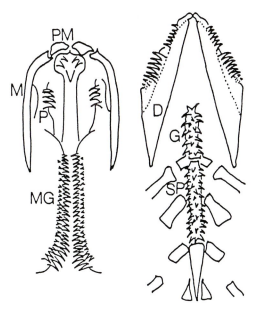

図．アユの稚魚型歯系、左：上顎、右：下顎（体長45mm）
D：歯骨、G：咽舌骨、M：上顎骨、MG：中翼状骨、P：口蓋骨、PM：前上顎骨、SP：基鰓骨、V：鋤骨

ツボワムシを給与して飼育を開始する。

　孵化直後の仔魚（数日齢）の頭部の組織標本を作製して顕微鏡で観察すると、味覚器である味蕾(みらい)が口唇をはじめとして口腔(くう)内部にて確認される。また、口腔は上顎と下顎によって大きな空洞のあるドーム状で前方へ開口する。この段階では口腔内に歯は無い。口の状態からみれば、餌は丸呑(の)みであろう。何はともあれ、孵化数日目の仔魚で、すでに摂餌体制が整っていることに驚かされる。室内にて人工授精をした後、動物プランクトン（シオミズツボワムシ、タマミジンコ）を給与して水槽内飼育をして、孵化後1日、4日、10日、20日、30日、45日、60日、70日、100日目に標本として取り上げて、口腔内の摂餌器官の代表である歯系の発達を観察した。前述したように、味蕾は1日齢の仔アユですでに形成されていたが、口腔内に歯胚(しはい)の形成が確認されるのは、これよりもかなり遅れて、孵化後45日、体長15mm以上に成長した後である。70日齢、体長25mm以上に達すると、例外なく歯胚の形成が確認された。孵化後約2カ月間は無歯状態で、餌は丸呑みということになる。孵化後しばらくの間はこの状態で、シオミズワムシやミジンコを狙って、体をS字状に曲げて、体を伸ばすと同時に口を前方に突進させて捕食する。

　一般的に魚類の餌の大きさは、大きく口を開けたときの口の大きさ（口径）に深く関係し、さらにその口径と全長の間にはそれぞれの魚種によって一定の法則が認められている。例えば、コイでは12分の1、カツオ4分の1、ワカサギ25分の1、そしてアユでは17分の1といわれている。この計算で試案してみると、全長5〜6mmの孵化直後の仔アユでは、口径は約0.3mmということになる。さらに、実際に餌を摂るときの口を開く割合は50〜70％と推定すれば、アユ仔魚の餌の大きさは0.2mm程度が限界であろう。口腔の状態は、全

(3) 稚魚（アユ）の海洋生活と遡上開始

長25mmくらいまでの間は基本的に同じとすれば、餌の大きさが約0.7mmになるときまで"丸呑み"ということになる。アユの人工孵化養殖の技術開発の過程の中で、最も困難といわれたのは、初期飼料の開発であった。シオミズツボワムシが適していると発見されるまでは苦難の連続であったと聞いている。さまざまな要因が関与していたであろうが、求められたのは、大きさが0.3～0.5mmで容易に培養ができ、しかも大量・安定の増殖が可能な動物プランクトンの発見である。その結果、アユの初期飼料としてシオミズツボワムシ（♀皮甲長0.17～0.26mm、幅0.11～0.17mm、♂＜♀）、ミジンコの幼生が適していることが明らかにされ、その後のアユの人工孵化養殖は順調に行われるようになった。

　70日齢、体長25～35mmに達すると、どの個体でも歯胚の形成が確認されたが、まず、中翼状骨、基鰓骨(きさいこつ)、咽舌骨で先んじた。そして100日齢に達すると鋤骨(じょこつ)（26mm）→口蓋骨(こうがいこつ)（30mm）→歯骨

体長30mmアユの口腔内の円錐歯の走査電顕の写真

（34mm）の順に歯の形成が進んで、稚魚期の歯系（円錐歯）は完成する。この後、3種の歯は体長50～70mmのころにはすべて脱落するが、このとき最も早く脱落するのは歯骨歯である。その脱落が開始されるのは130日齢、体長40mmのころである。驚くことにアユの歯骨歯はわずか30日間、体長34～40mmの期間しか、口腔に完備されていないことになる。

体長35mmアユの口腔内の円錐歯の組織、Dp：歯髄；Dpの周辺は象牙質、下部は下顎骨。歯の構造は基本的にはヒトと同じである。

　口腔内に、稚魚型歯系（円錐歯）が完備されている100～130日齢、すなわち体長34～40mmの約1カ月は、その前時期よりも大型の動物プランクトン（1mm内外）を丸呑み状態で口に取り入れて、その餌動物が口から逃亡するのを稚魚型円錐歯で防いでいるのであろう。そのために、これらの円錐歯は下部の骨と蝶番結合をして、餌を咽頭方向に入れる時には奥方向に倒れて、もしも餌生物が逃亡しようとした時には歯が口の前方方向へは傾かず、決して逃がすことのないようになっている。

　この稚魚型歯系（円錐歯）が口腔内に形成されるのと同時期に、将来、河川に遡上した時に、河床の岩石上の着生藻類を削り取るための成魚型歯系（櫛状歯）の歯胚の形成も進行する。これらの歯は、上顎と下顎の外側に列をなして形成される。すなわち今までは、ア

(3) 稚魚（アユ）の海洋生活と遡上開始

ユの歯は遡上期に"生えかわる"といわれてきたが、実際には稚魚型歯系が脱落するというだけのことで、両歯系の形成はほぼ同時期に進行していたのである。そしてこの脱落は、伊勢湾を離れて長良川を遡上していく間に進行して、藻を削り取るとき、すなわち河川に定着したときまでには完了して、櫛状歯が完備するのである。

アユ仔〜稚魚期を過ごして若魚にまで成長するには、その生息する場所に餌となる動物プランクトンが冬期間、一定の密度以上で発生しているこ

体長40mmアユの下顎骨（歯骨）上の円錐歯（歯骨歯）の脱落状況。

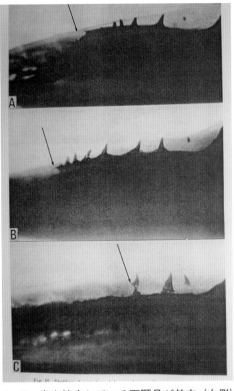

A、B：歯を植立している下顎骨が前方（左側）から順に吸収され脱落している。C：歯の基部が吸収され歯の脱落進行中。3本の歯は、前：（脱落中の歯）、中：（機能している歯）、後：（歯胚）。

とは必要条件である。1cc当たり80〜100個ともいわれている。この餌条件が満たされると、池でも湖でも、そこでアユの再生産が行われるようである。岐阜県下でも東濃地方の阿木川ダム湖ではこの数年間、毎年アユの再生産ができているようである。この場合のアユの由来を尋ねると、琵琶湖アユの放流されたものの子孫である。ここのアユは、阿木川ダム湖を伊勢湾に見立てているのではなく、

第2章　長良川のアユの一生

琵琶湖の代わりに使用しているのであろう。これらの稚アユは大半が流入河川を遡上していくが、一部はダム湖内にとどまっているのかもしれない。

　伊勢湾に流下した仔アユは成長するに伴い、その行動範囲は海流の流れに任せるのみならず、順次拡大される。35年ほど前に、伊勢湾の三重県白子沖で海アユを採捕してもらったことがある。5月下旬～6月上旬であった。一網、大半がアユで著しく大量で、イワシやアジの稚魚がほとんど混入していなかった。その体長は4～5月に遡上していくアユに比較して2cm以上小さかった。当時、これらの海アユはその後、河川を遡上して川アユとして体長20cmにも成長するのであろうか、または、このままの状態で他の魚類の餌となって一生を終えるのであろうかと考え込んだ経験がある。採捕された場所は沖合数kmであることから、これらの稚アユには、周辺のさまざまな河川から流入した仔アユが単独で群れをつくっているとは考えづらく、混在しているであろう。海アユが地域によって遺伝的な差異がみられないということは、降下仔アユの大きさや遊泳活動をみる限り、伊勢湾内で潮の流れや風などの影響を受けて拡散し、長良川産、揖斐川産、木曽川産アユが混在していると考えるのは極めて容易であり、長良川産仔アユが長良川にとどまっているのは数日で、アユに関してはサケでみられるような母川回帰の現象はみられないことを示している。

　秋季に長良川を降下し、伊勢湾で数カ月間を豊富な動物プランクトンを食べて成長し、2～3月ごろには一部のアユの長良川への遡上が開始される。毎年2月上旬～下旬に開始されるが、そのきっかけは川の水温と伊勢湾の水温が同じになったころだといわれている。2月中旬に長良川河口堰の魚道を遡上していくアユを窓越しに

(3) 稚魚（アユ）の海洋生活と遡上開始

みる限り、体長は7～8cmであり、かなり大型のように思われる。その後、しばらくの間は、1日に数尾から数十尾が観察されるのみである。しかし4月に入ると、その数は急激に増加して、いわゆる春本番、アユの遡上最盛期を迎えるのである。

　この河川への遡上が開始されると、食性が動物プランクトンから植物プランクトンに変化するが、同時期にアユの口部には、円錐歯が脱落して櫛状歯が発達して摂餌器官は整備される。一方、消化酵素も変化するといわれる。すなわち、ペプシン様酵素の活性およびアミラーゼ活性は、体長25mmのときに比べて体長40mmでは、それぞれ約500倍、また20倍になるといわれ、遡上期を境にして、より消化能力が増大することがわかる。長良川を河口から遡上してくるアユの消化管をみると、岐阜市より下流域のアユでは、植物性の付着藻類もケイ藻類を中心に多くみられるが、水生昆虫をはじめとする動物性のものも多く、中にはユスリカ頭部が10～20個みられる場合もある。

　なお、アユの遡上活動には、どうしても解明されなければならない課題がある。"アユの遡上活動は何によって誘発されるのか"である。アユの遡上活動を全体的にみた場合には、その開始を誘発する外的要因として水温が考えられる。しかし、それ以後の遡上要因として、個々のアユにとって水温が誘因とは考えにくく、さらに、日照時間も同様である。では、何が考えられるのかといえば、内因に向かわざるを得ない。しかし、これは泥沼に入りかねない。生物の本質に向かう問いかけかもしれない。この問題を考える前に再度確認しておかなければならない事柄がある。アユの遡上期間内の後期（5・6月）に遡上するアユの体長は前期（4月）に遡上するアユよりも明らかに小さいといわれているが、その事実の検証とそれ

が何を意味しているか（何と関連しているか）という点である。

　現在のところ、長良川河口堰の魚道を遡上してくるアユの体長を遡上期別に比較したところ、4月の遡上群は5月下旬・6月上旬の遡上群よりも明らかに大きい。この点に関しては、2011年以後毎年同様の調査をしているが、その傾向は変わらない。しかし、問題点もみられる。体長組成をみると、4月上旬遡上アユでは50～100mmの範囲で分散しているのに対して、6月中・下旬遡上アユでは30～60mmで、30～45mmに集中しているという違いがみられるのである。このことは、アユ自身以外の要因として、例えば、捕食魚（天敵）の活動が4月よりも5月の方が活発であることや、カワウによる捕食の活性化などが影響していないかなどが疑問視される。目下のところ、検証されたという話は聞かない。さらに、7月上旬になると、体長50mm以下の小さいアユも採捕されるが、体長90～150mmのアユも混獲される。この大型のアユは、いったん遡上して河川で成長したものが出水などで下流に流されて河口堰の下流まで降下し、再び魚道を遡上したものであろうと考えられる。しかし、35年ほど前の夏季に、日本海・敦賀湾へ海釣りに出かけたとき、岸辺近くの水深1.5～2.0mのところに廃船が放置してあり、その船縁に繁茂している藻をアユが食んでいる姿をみた。その摂餌方法は、藻を削り取る方法とは異なるために注視して観察したが、アユであった。さらに、周囲を見渡したところ、そこに流入する河川は確認されなかったし、塩分も十分であった。これらのことから、体長10cmを超えるアユが海でも生息していることがあると当時から思っていた。しかし、このような光景をみたのはそのときのみである。これらのことを考慮すると、7月に河口域でみられる体長10cm以上のアユは"海アユ"の可能性もあると思われるので、浸透圧に関わる皮膚の厚さ（構造）

(3) 稚魚（アユ）の海洋生活と遡上開始

を調べてみようと思っている。

「河川へ遡上するアユの体長は、4月に遡上するアユよりも5～6月に遡上するアユの方が小さい」ことが実証されてきたのは、長良川河口堰ができて、毎年、魚道を遡上するアユが容易に採捕されるようになってからである。言い換えれば、木曽川や揖斐川など、他の河川では同様に河口域にてアユを採捕する手段が無いことから、河川による特異的な現象ではないかという心配もある。この点については、次の章で述べる。

ポイント2　河口堰の魚道を遡上するアユ

　長良川の河口には河口堰が存在するために、春季に遡上を始める若アユが上流へ向かうには、大半のアユはどうしても通らなければならない通路、すなわち"魚道"が設置されている。長良川河口堰には左・右岸に呼び水式魚道とせせらぎ魚道が造られている。体長70～80mmに成長したアユは、2月中旬、水温8℃以下の川を遡上し始める。そして、5月以後は体長50mm以下の小型アユの遡上も活発になるが、そのころの水温は15℃以上になり、動物としてのアユの運動能力も増大しているように思われる。この時期の若アユの巡航速度（長時間泳ぎ続けられる速度）は40cm/sec、突進速度（瞬間的に出せる最大の速度）は120cm/secである。また、遊泳力が十分に発揮されるときの川の流速は、体長50～60mmのアユでは30～50cm/sec、体長60～80mmでは40～60cm/sec、そして80～90mmのアユでは50～70cm/secである。この流速は、体長50～80mmの遡上期のアユの巡航速度で対応できる範囲である。

　なお、この時期のアユの突進速度は120cm/sec内外であることから、これ以上の流速であれば、押し戻されることになる。そこで、

長良川河口堰に設置されている魚道での流速を測定してみた。堰の魚道の最大流速は130cm/secで、魚道の大半では30〜50cm/sec、そして切れ込みのあるところでは50〜100cm/secであった。すなわち、アユの突進速度以下であることが確認されたことになる。遡上するアユは一瞬、間をもった様子を示すが、20〜30分間の目視観察によると、スムーズに遡上し、押し戻される個体は観察されなかった。

　なお、この河口堰の堰堤下流には、遡上の機会を待っている若アユが群れているのであろうが、そこには数百羽のカワウが泳いでいるのが観察される。以前、1羽のカワウの消化管を開いたときに、40〜50尾のアユが確認されたことがあるが、そのことを思うと、遡上できずにこの地で一生を終える若アユの量は想像を絶する。今後は、これらの若アユを人の手で上流へ移動させるなど、何とかする方向を考えることが必要に思われる。

（4）長良川を遡上するアユ

　1980〜1990年代には毎年、5月上旬以後になると、長良川墨俣から穂積の区間の岸側を、アユが群れて遡上する、いわゆる"帯"が観察された。この帯は幅1.0〜1.5mで、その長さは500mを超える場合もあった。アユが隊列をなして遡上していくのである。アリの行列もよく知られているが、アリの場合は一列であるのに対し、アユの場合は帯の幅一面にアユ、アユである。この帯は岸辺から約1m、水深30cmの、河床が小石のところにみられる。少し失礼とは思ったが、この帯（隊列）の中にタモ網を入れてみた。アユは一瞬、サッと分散するが、すぐに元の隊列に戻った。整然としたものであった。このようなアユの帯は、定期的にというわけではないが、ほぼ

(4) 長良川を遡上するアユ

毎年観察された。春が楽しみであった。しかし、1996年ごろからは約20年近く、このような帯はみられなかった。ほぼ忘れかけていたところ、2014年5月に、アユの帯（隊列）が観察された。隊を構成するアユの数が少なく、まばらで、しかも昔のように長くはなかった。アユの群れが数珠状になって遡上するという表現が当たっていないかもしれないが、間違いなくアユの帯であった。数日後に新聞でも報道された。アユの遡上する帯の形がこのようにさまざまであるとすれば、「長良川でみられなくなった」という20年間にも、実際には存在していたのかもしれないが、うれしいことである。当時、数尾のアユを採捕して実測したが、その体長は決して5cm以下ではなく、約10cmでほぼそろっていた。

　一般的に、長良川・岐阜市地区でアユの遡上が確認できるのは、毎年4月に行われている長良川漁業協同組合による遡上アユの試験採捕調査に関する報道である。長良川のアユの遡上は3～6月の約4ヵ月間にわたるが、この遡上期間内の早い時期の遡上アユの体長は、後期のものに比較して大型であるといわれてきた。河口域を遡上していくアユの場合には前述したような現象は確認されてきた。これは、河口堰には魚道という最適の採捕場所があるからである。しかし、そのような場所が無い故に、他の河川でも同じか？　一般的にいえるのか？という疑問には容易には答えられない。そこで、伊勢湾（河口部）からの距離が似ている長良川・岐阜市と揖斐川・大垣市で、同じ時期（2013年5～7月）に同じ場所にて、同じ方法で採捕したアユの体長組成を比較してみた。両地点に共通して、5月中旬には採捕個体の中に体長60mm以下のアユは含まれていないが、5月下旬～7月上旬に採捕された個体の中に体長40～55mmのアユが高い割合で出現した。すなわち、遡上期の遅いときに河川にて

第2章　長良川のアユの一生

採捕したアユの中には、体長の小さい個体が混在するが、早い時期にはこれらの小型アユは認められないということがわかった。小型アユは遡上期の後期に遡上し、前期のものよりも小さいといえよう。このことは、両河川で共通であった。このように、体長60mm以下の小型アユが長良川・岐阜市で6月に採捕されたアユの中に出現することは、1990～2001年までの調査でも確認されており、調査年の違いによる差もみられない。すなわち、5月中旬～6月下旬に長良川を遡上してくるアユは、4月に遡上してくるアユよりも体長が小さいが、このことは1990年以後、常に確認されており、さらに他の河川でも共通していることから、長良川特有の現象ではなく河口堰の影響とは考えにくい。4月中に長良川を遡上したアユは、1カ月以

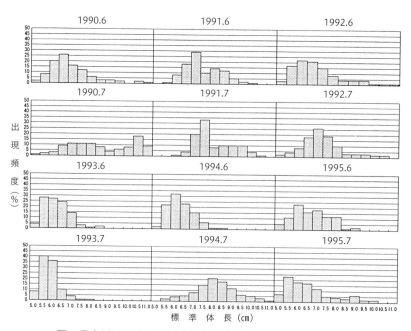

図．長良川下流域で採捕された調査時期別のアユの体長分布
（各体長別尾数／アユ標本数×100＝％）

(4) 長良川を遡上するアユ

上を要して郡上市にまで達し、7〜8月には体長150〜200mmに成長する。5月下旬〜6月に河川を遡上してくる小型アユは、河川を遡上して岐阜にたどり着いた後、はたしてどのような生活を送るのか、気になる。1997年から6カ年ほど、9〜11月に河渡地区で産卵に集まってくるアユの体長を調べたとき、1997〜2002年の間、体長72〜100mmの親アユが多く認められた。これら100mm以下のアユ親魚は、多いときには1回の投網で10〜20尾採捕された。そのとき、この100mm以下の小さい親アユは、6月ごろに体長50mm程度で岐阜市近辺に遡上してきたアユと同じグループだと直感した。これらの小型親アユは十分に抱卵して、まさしく産卵に参加していると思われた。

しかし、残念なことに、最近はアユの産卵時期（10〜12月）にこれらの小型親魚がほとんど採捕されなくなっている。このことは、

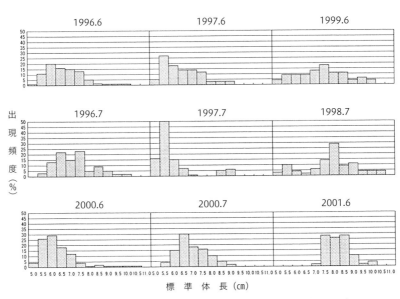

図．長良川下流域で採捕された調査時期別のアユの体長分布
（各体長別尾数／アユ標本数×100＝％）

アユの親魚の総数として、その数が減少しているのではないか、次世代の孵化仔アユの総数に影響しているのではないかと感じている。岐阜市内の産卵場で小型の親アユが採捕されなくなったのは2010年ごろからである。このサイズのアユは、産卵場近辺で"落ちアユ漁"をしている漁師の刺網には小さ過ぎて採捕されないか、または漁場よりも下流で生活しているのかもしれない。多分、気にもされないグループだと思われる。しかし私は、このグループのアユは長良川アユの再生産に大きな役割を果たしていると思ってきた。毎年、穂積から大縄場の区間で5〜7月に遡上アユの量的変化を知るために、アユの生息状況を調べている。また、ほぼ時を同じくして、揖斐川・大垣市で揖斐川での遡上アユの生息量を比較のために調べている。その結果、2010年以後、採捕量が急激に減少していることに気付いた。野帳（調査記録ノート）をみると、長良川の穂積大橋約1.0km下流には水深30〜50cmの平瀬が数百メートルにわたって広がっていて、そこには目測で100〜200羽のカワウが飛来してきている。ここは、アユをはじめとする魚類が身を隠す場所は全く無い。遡上アユは無防備状態である。その場所のすぐ上流で投網を打ったが、全く採捕されなかった。同じような経験を思い出す。毎年、琵琶湖の余呉川放水路付近へ湖アユの生態調査に出かけているが、ある時、カワウが群れて泳いでいた近辺で投網を打っても全く採れず、諦めかけた帰り道に、岸辺のブッシュの中を胴長で歩いたところ、目の前にアユの群れが出現した。アユはカワウを避けてブッシュの中に隠れていたのだと知った。そして、長良川の場合にも、岸辺に草本（ブッシュ）を茂らせてアユの隠れ場があれば、遡上アユがこれほどの減少を示すことはないと痛感した。これらの小型アユは、その年の水産業的にはあまり大きく貢献はしないが、再生産には有

(4) 長良川を遡上するアユ

益で、長良川にとって大切な要素だと思う。長良川河口堰の魚道を遡上するアユの量的変化と体長の大きさを考慮した場合、小型アユのカワウによる消耗を自然に任せるのではなく、有用に利用する方法は無いか？　琵琶湖産アユの放流の場合と同じように、「河口堰で採捕した小型アユを数週間、池中養殖をして体長80〜100mmに成長した段階で長良川に放流する」ことをここ数年間、提案している。

　ここで述べている事柄は、「最近、長良川の親アユが従来のものよりも小型化している」という内容とは少し異なる。最近、小さいといわれている親アユの体長は120〜140mm程度の話で、その原因は、昔にみられた小型親魚の由来が体長40〜60mmで6月以後に遡上してくるアユであることとは同じではない。最近の小型親アユは、比較的産卵期の遅い時期に出現しており、順調に遡上または放流されたアユが、さまざまな自然環境下（低温、出水、群れアユ生活など）で、十分に成長しなかったものと考えている。これに対して、以前にたくさんみた小型アユは、中・上流域へ遡上することなく、岐阜市近辺で群れアユとして夏季を過ごし、体長100mmにも達しなかったもので、主たる生活場所は岐阜市河渡から瑞穂市穂積の区域で、いわゆるアユの主たる産卵場のすぐ下流であり、産卵・孵化場が極めて近いグループである。

　この数年間、5月中旬以後に長良川・鏡島大橋付近にて、漁業協同組合員の方に"登り落ち漁"によって遡上アユを採捕してもらって、アユの発育状態を調査している。登り落ち漁法のため、採捕されるアユの体長は38〜55mmで極めて小型である。調べるまでもなく、このサイズのアユは放流されたものではなく、伊勢湾から遡上したものである。体長50mm以下のアユの口には、すでに藻を削り取るための櫛状歯の形成が十分に進行し、歯列の前部のものはすでに萌出

している。着生藻類を食む摂餌器官は基本的に完成しているのである。しかし、体長の成長程度および運動器官（筋）の発達をみると、とても秒速50cm以上の平瀬や早瀬にあって、石の上に着生している藻を泳ぎながら削り取る能力が十分であるとは考えられない。活発な成長は期待されない、成長不良で体の小さいアユは、大半がカワウなどの他の動物によって食べられるか、出水などで死亡する運命にある。7月上旬、揖斐川・大垣市の浅瀬で体長60～80mmの痩せこけたアユが数十尾、死んでいるのをみたことがある。これを何とかしようとするのも我々の課題だと思う。

　長良川を遡上するアユの量に一定の経年的変化があるのか、また、河口堰の影響が直接的に及んでいるのかどうなのかが話題になる。最近は、河口堰の魚道を遡上するアユの尾数は、管理事務所がその計測を実施して公表されている。しかし残念なことに、河口堰建設

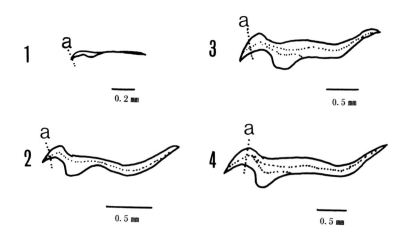

図．櫛状歯を構成する分離小歯（板状歯）の型
1：40mm SL、2：80mm SL、3：130mm SL、4：200mm SL、aの破線より左側は萌出部分。（SL：体長）

(4) 長良川を遡上するアユ

以前の実測された遡上量に関する資料は全く無い。建設以前から、河口堰が実際に建設されることになれば、最大の問題は"アユ"の生態に関することになることは容易に想像できた。おそらく河川を遡上するアユの量（尾数）を実測するには、魚道を遡上する尾数を計測するのが最も信頼のおける方法であると思われる。幸いなことに、長良川の場合、河口堰に魚道が設置されている。ここで計測された数値からの推定遡上量を毎年公表している。それによると、平成8年から平成27年の間で、推定遡上量上位3年は2008年1950万尾、2009年1520万尾、1999年610万尾であり、下位3年は2005年50万尾、2006年110万尾、2002年170万尾で、最大と最小の間には39倍の差がある。なお、この場合、左岸魚道での実測数値は、最大は2008年の約270万尾、最小は2005年の7万尾で、推定値と同様に、前者は後

2016年4月12日、河口堰魚道を遡上したアユ（体長約80mm）

第2章　長良川のアユの一生

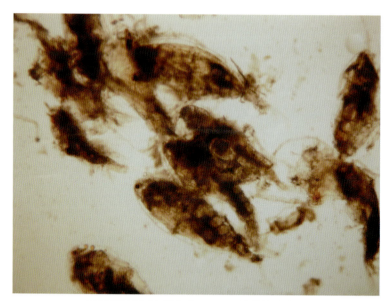

長良川河口堰を遡上するアユの消化管内容物

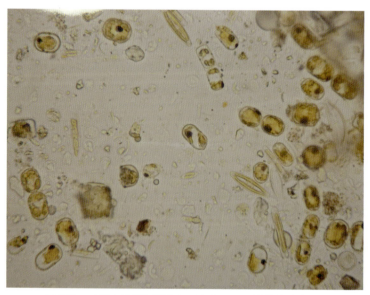

長良川・岐阜市付近に遡上してきたアユの消化管内容物

(4) 長良川を遡上するアユ

者の39倍であった。京都大学の研究グループが、河川へのアユの放流密度の基礎となるアユの生息調査を京都の宇川において、灌漑用の魚道において実際に遡上尾数を計測した。そして、気候条件、水の具合などを考慮して推定する方法や、鰭を切って標識して再放流した後に漁獲して、漁獲量（尾数）と標識個体数の比率から推定する方法を用いた結果を示している。それによると、1955年100万尾、1956年25万尾、1957年2.7万尾で、最大と最小の間には37倍の差がみられる。この川は小さくて、河口から1kmのところに灌漑用のダムがあり、ここの魚道を通る以外に遡上する手段が無いこと、さらに、アユの放流事業は行われていないことなどの条件、また、他に考慮する要因が無いことから、調査地点としては最適であるとしている。このことを考えると、長良川河口堰における調査・推定遡上尾数の数値は一般的なものと思われる。前述した長良川での遡上尾数の実測値は河口堰運用後のものであって、それ以前の数値は無い。

長良川の河口堰が建設された場合に、関係水域の水産生物の生態

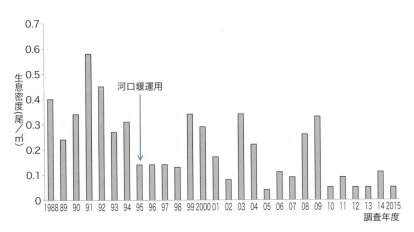

図．長良川下流域におけるアユ遡上期（5月中旬）の採捕状況
（1回の調査における投網20回による採捕結果からの換算密度平均）

と生産はどのような影響を受けるかについて、1963年以来、3～4カ年にわたって「木曽三川河口資源調査団」（調査人員80名）によって大規模に行われた。その中でも"アユ"に関する調査は多岐にわたり詳細に実施され、報告された。その中で、生息量・漁獲量の数字から、河口部での稚アユの遡上量は960万～1600万尾と推定している。長良川は大河川であり、小河川に比べて年変動幅が小さいのかもしれない。将来、堰の影響を客観的に評価するには、同じ方法・同じ地点での調査結果が必ずや必要になる。そこで、いろいろと検討をした結果、次のように考えた。

　長良川の穂積から墨俣地区、ここは伊勢湾からの遡上魚（アユ、ボラ、スズキ、ウナギ、カジカ、アユカケなど）と、本来、淡水魚といわれている魚類（ウグイ、オイカワ、コイ、フナなど）の両方が生息する、長良川全域を通じて最も多様な魚類の生息する場所である。さらに、長良川を遡上してきたアユが、ナワバリを形成し、定着生活を始める瀬が存在する最も下流端である。これらの要因からこの場所は、魚類生息状況の調査地点として最適であると思った。そして、投網とタモ網を用いた魚類の生息調査を開始した。すなわち、「同じ地点」、「同じ方法」で、さらに「同一の調査人」であることを重視したのである。当時は1人でいつまでやれるか心配したが、幸いなことに現在まで続いている。調査結果を概観すれば、1995年を境にして、それ以前と比較して、それ以後はアユの遡上活動は不活発である。しかし、この原因を、河口堰の運用が1995年に開始されたことから、これは堰の影響だと安易に結論付けるのは、本来の科学のあり方ではなく、科学性に欠ける。なぜなら、いろいろと考慮しなければならない点があるからである。ここからが、いわゆる科学的思考の出発である。①長良川以外の揖斐川や木曽川で

(4) 長良川を遡上するアユ

の経年変化と比較してどうか？　すなわち長良川特有の結果か？
②カワウの被食などの他の要因は無いか？　③単なる一時的な変化ではないのか？などである。

　まず、①に関しては、比較できる他河川でのアユの遡上量の経年変化に関する資料は見当たらない。何十年という長期間にわたって同じ方法で同じ場所において調査を継続するには、さまざまな事情を克服しなければならない。やはり公的事業として行うのが最適と思われる。しかし、長良川河口堰建設に伴う河口資源調査の内容と規模の膨大さを考えると、少なくともアユに関しては、影響評価の可能な追跡調査がなぜ行われなかったのか不思議に感じる。②に関しては、まず、カワウの食害が挙げられる。当時の野帳の記録としては、"カワウの飛来の有無"と"その地点のアユの生息量"があるが、カワウの数について実測したものではなく、信頼性に乏しい。そのため、相互の関連性については極めて主観的である。しかし、長良川流域の漁業関係者の話などを総合すると、アユに対するカワウやカワアイサの食害は相当なものであることが想像される。しかも、このことについては、周辺の木曽川、揖斐川、矢作川などでも同様である。今後のことを考えると、堰の影響を追究するためには、長良川と同様のアユの生息状況調査を、木曽川や揖斐川でも継続して行うことが必要である。③に関しては、1995年の河口堰運用直後からのアユの遡上量の調査データの情報が無い。最も大きな影響が現れるのは、環境が変化した直後だと思われる。当時の資料の再検討を行うことにより、真の原因の追究が進行するものと考えられる。

ポイント3　遡上若アユの遊泳力

　春に、伊勢湾の河口域に集まって、やがて遡上を開始するが、この時期の巡航速度は40cm/secで、突進速度は120cm/secを超えるといわれている。1993～1994年（河口堰運用前）の河口から10km上流の油島（千本松原）で流速を測定したところ、表層で6～15cm/secであった。これは、長良川・揖斐川で共通した値で、海水から淡水への順応・調節機能を獲得するという生理的変化（ホルモンによる作用など）を考えても、アユが遡上するのには可能な流速だと思われる。これら体長50～80mmの遡上期のアユは、約1カ月を要して岐阜市よりさらに上流域へと遡っていく。この間、当初は流速10～20cm/secのところだが、やがて河口より18km上流（表面流速14cm/sec）、25km上流（表面流速12cm/sec）、33km上流（表面流速26～30cm/sec）、さらに36km上流（表面流速40～80cm/sec、底流速20～30cm/sec）と流速が増していく。しかし、アユは十分に対応しながら上流へと向かうことができる。長良川では河口から安八町（36km上流）付近までは河床構造は横断的に泥・砂で安定しており、流速にもあまり変化がみられない。しかし、岐阜市近辺にまでくると、平瀬や早瀬が出現して、場所によっては80～100cm/secを超えるところも出現するが、この地域まで遡上してきたアユの突進速度は120～150cm/secであり、十分に対応できる。

　遡上期の若アユは、河川水の流速が40～60cm/secの流れを好むといわれるが、河口堰が建設運用されて後、前述した1993～1994年ごろよりもさらに流速が弱くなった場合に、遡上活動に影響があるのではないかとの見方がある。詳細な調査をして、対策を検討する必要があろう。さらに、潮の干満がどの程度、流速に影響し、それがアユの遡上活動に関与するのか否かに関しても、資料の蓄積が必

要であろう。

　近年、"長良川のアユの小型化"が時々話題になっている。6月ごろに岐阜市近辺に生息しているアユの中に、小型アユが目に付くということだろう。この小型アユは従来から生息していた。ただ、このことに関する興味は「体長40mm以下の極めて小さいアユが、河口から岐阜市近辺までスムーズに遡上可能か」という点であった。実際に川の流速を測定してみると、表層が60cm/sec以上の場合でも、河床では20〜30cm/secであり、能力的には十分可能であるということになる。その証拠に、岐阜市鏡島大橋付近で、体長35〜45mmの遡上稚魚が、底生魚専用の漁法である「登り落ち」にて極めてたくさん獲れる。このことは毎年変わらない。注目されるのは、この地域に体長80〜100mmの若アユの姿が極めて少ないことにある。このことは、大型アユの群れは、成長不良で底層近くを泳いで遡上する小型のアユよりも、サギやカワウによって食べられる機会が多いであろうことに関係しているのかもしれない。

（5）河川に定着して成長するアユ

　アユは、体長50〜80mmのときに河川に遡上して、春から夏季を過ごして秋季の産卵時期までに体長150〜200mmにまで達する。この間に大量の餌を摂食する。餌は、河川の河床の石上に繁茂した着生藻類である。主としてラン藻、ケイ藻である。この藻類の繁殖は著しく、アユが順調に成長するのに、1尾当たり約1 m^2 あれば、天候・水量などの自然条件が良好な場合には十分であるといわれている。アユにとって重要なことは、河川を遡上して中流域、上流域に達したときに、口部に着生藻類を削り取る成魚型の歯（櫛状歯）が完備されているかどうか。さらに、泳ぎながら石の表面に口を接触させ

て藻を削り取るに耐えるだけの体力（筋力）が備わっているか、である。

体長30mm以上に達すると、口部の両顎の外側には口唇が形成され、その上に櫛状歯が構築されて、長良川では岐阜市近辺に遡上したときには、これらの歯は萌出して機能が果たせるようになっていることが、それ以後の成長にとって必要である。この櫛状歯は通常、体長70〜80mmに達したときには、長さや大きさは成魚とはやや異なるが、ほぼ完成した状況に発達している。5〜6月には小型アユ（体長40〜60mm）が群れをなして遡上してくる。この群は4月に遡上してくるアユには混在していない。この時期のこの体長のアユでは、上顎・下顎に4月の大型

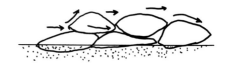
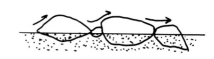

図．河床構造　A：浮き石、B：はまり石、矢印は川の水の流れる方向

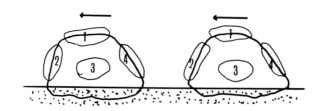

図．河床の石、左側（1→2→3→4）の順に着生藻類が出現する。右側（1→2→3→4）の順に食み跡数が減少する。矢印は水の流れの方向。

(5) 河川に定着して成長するアユ

長良川下流域のコンクリート護岸堤防にみられるアユの食み跡

アユと同程度に櫛状歯が形成され、萌出が進行しているのである。このことが、アユの遡上活動に関与しているものと思っている。

表．体長40mmと体長80mmのアユの成魚型歯系（櫛状歯）の違い

		体長40mmのとき （4月）	体長80mmのとき （4月）
顎骨		左右から湾曲する	直線的で厚く高くなる
櫛状歯の列数	上	〜8列	13〜15列
	下	〜6列	12〜14列
歯の長さ		〜0.5mm	0.8〜1.3mm
萌出歯長		なし	0.2〜0.3mm

摂餌のときは、これらの櫛状歯を石の表面に接触させて藻を削り取る。着生藻類の層の上部のみを削るとはいいながらも、このとき

は力強い遊泳力が必要である。岐阜市近辺でも平瀬における河床の石の表面の流速は30〜50cm/secであり、体長50〜60mm以下の小型アユでは苦労する。このことは、養殖アユなどを河川に放流するときには十分考慮しなければならない点である。

口部に形成された櫛状歯は、上顎骨および歯骨と直接的には骨性結合しておらず、骨性の細い索状物でつな

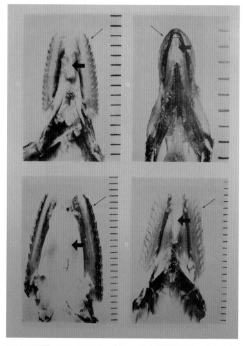

アユ下顎の形成順序（太い矢印は舌唇、細い矢印は櫛状歯）

がってはいるが、基本的には結合組織が歯と骨の間に介在している、いわゆる結合組織性結合と考えられる。このことは、アユにとっては極めて有意義なことである。すなわちこの結合様式は、河床の石上の藻を食むときに、上・下顎を石に激突させてもその衝撃を緩和して、頭部への直接的な影響を和らげているものと思われる。この櫛状歯で削られた藻類は、開口したときに口腔底にある舌唇が帆立てられるために、その後方（口腔〜咽頭の間）に集められる。そして、口を閉じると舌唇が咽頭方向に倒れて、削り取った藻は咽頭方向へ送られる。なお、この舌唇の一定の動きは、顎の開閉運動に連動して発動しているが、筋による動きではない。舌唇には筋組織は

(5) 河川に定着して成長するアユ

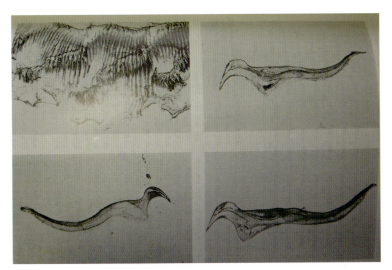

櫛状歯の発達（左上→左下→右上→右下）

アユの食み跡

第2章　長良川のアユの一生

アユ成魚の櫛状歯

存在していないのである。

　体長150mm程度に成長するころには、ますます活発となり、流速100cm/sec以上の場所にも進入して、餌を十分に摂って、さらに成長して親魚になる。

　日本の河川に生息している魚類の中で、アユの他に河床の着生藻類を餌とする魚として、オイカワが挙げられる。しかし、餌の摂り方が異なっていて、アユは泳ぎながら削り取るのに対して、オイカワは啄(ついば)む方法であり、効率は圧倒的にアユが優位である。昔から、「アユが海から河川に入って、他の魚類に比べて有利であったのは、櫛状歯を備えたことにある。この歯は、誰も利用していなかった大量の藻を餌に利用することを可能にした」といわれてきた。

　春季に長良川をアユが遡上してくると、やがて、秋から冬に平瀬

(5) 河川に定着して成長するアユ

をわが物顔に泳ぎ回っていたオイカワが、川の中央部からその姿を消すようになる。昔からいわれていたように、オイカワがアユによって岸辺に追いやられるのである。この両魚種の関係は、毎年、定期的に遡上してくるアユと、常時そこに生息しているオイカワとの種間関係であり、オイカワとアユの混在程度は、その年のアユの遡上量を相対的に比較する目安の一つとして利用できる可能性がある。夏季に岐阜市内の平瀬で投網を打つと、8〜10割がアユで、オイカワをはじめとする他の魚類はほとんど採捕できない年があった。

表. 長良川・岐阜市地区の平瀬におけるアユの比率（アユ尾数／アユ＋オイカワ尾数）

調査年	アユの尾数	アユの割合（％）	
1988	20	21.63	
1989	31	26.23	
1990	448	65.77	
1991	163	57.12	
1992	601	75.12	
1993	402	88.50	
1994	438	68.32	
1995	48	28.68	←河口堰運用
1996	148	20.56	
1997	67	41.20	
1998	13	33.13	
1999	126	68.27	
2000	319	94.73	
2001	71	33.50	
2002	33	17.16	

長良川・岐阜市の平瀬にて、1988年から2002年までの7〜8月に、投網にて採捕された魚類はアユとオイカワが主体で、両魚種で95％以上を占めていた。さらに、アユとオイカワの合計にアユの占める

割合を年度によって比較してみたところ、1992年、1993年、1994年、1999年、2000年にそれぞれ75.12％、88.50％、68.32％、68.27％、および94.73％であった。一方、1988年、1989年、1995年、1996年、1998年、2001年、および2002年は3分の1以下であった。長良川・岐阜市地区で、淡水魚の代表種であるオイカワに対して、遡上してきたアユ（一部、放流アユも混在する）の割合が著しく高い年もあるが、著しく低い年もみられ、両者の出現する年度には一定の傾向がみられなかった。

なお、河口堰の運用が開始された1995年とその翌年（1996年）は、アユの割合がそれぞれ28.68％、20.56％であったが、前述したようにその後は変動があって、一定の傾向を確認することはできなかった。なお、同様の調査を1980～1984年に愛知県・矢作川（西尾市）で実施したが、その時は、7月、8月の夏季にはアユ以外（オイカワなど）の魚類は全く採捕されなかった。しかし、調査年の違いなどを考慮した場合には信頼性に疑問があるため、参考資料以上の扱いは不適であろう。

4月の早い時期に、伊勢湾を離れて長良川を遡上する体長の大きいアユは、5月には郡上八幡市にまで遡上し、夏季に向かってナワバリを形成し、急激に成長する。そして、アユ漁師や遊漁者による友釣りによって、成長の良いナワバリを形成した大型のアユが順次釣り上げられる。すると、その跡地（ナワバリ空白地）に次のアユがその位置を占める。このことが繰り返し行われる。連続して4～5尾釣れることもある。以前は、この場所に遡上アユ以外に琵琶湖産アユが放流されていたために、釣り客はこのアユを楽しんだ。琵琶湖アユは、海産アユよりも、早くて強固なナワバリを形成する性格があるために、友釣りに"掛かりやすい"といわれてきた。この

(5) 河川に定着して成長するアユ

琵琶湖アユの性格は、より寒冷地で生息していたアユが琵琶湖に陸封された結果によって生じたものともいわれている。しかし現在では、冷水病の流行の影響もあって、琵琶湖アユの放流は控えられている。長良川だけではないが、「アユが釣れない」との話もよく耳にするようになった。一つの原因として放流事業の影響があるのかもしれない。

冷水病は、サケ科魚類をはじめとして淡水魚に出現する細菌性の病気で、特にアユでは皮膚の"穴あき病"が有名である。長良川のアユにも出現が予想されたため、1997年以後、その出現率を調査している。長良川のアユに初めて出現したのは1998年で、その後、継続して出現している。最近では10年以上前と比べると、著しく減少している。これらの菌は、28℃以上では生息が不可能であることから、人体への影響は無いといわれている。

夏季の長良川には、海産遡上アユと放流アユ（人工孵化養殖、海産由来または琵琶湖産由来の稚魚放流）が生息している。これらの一部はナワバリアユ、また、一部は群れアユとして生活している。釣り人の動向や投網による調査結果から、群れアユの割合はかなり高いと思われる。アユの生息尾数からみる限り、ナワバリアユに比べてナワバリをつくらない群れアユは圧倒的に多く、特に岐阜市近辺より下流域では著しい。近年、アユの小型化が話題になるが、その一つに、産卵場で採捕される親アユの小型化がある。これらのアユは、成長が十分でない上流からの落ちアユか、または下流域で良好な餌に恵まれなかったために群れアユとして成長期を過ごしたアユのいずれかであろうが、近年は後者が少なくなっている。産卵期のアユが問題視されるのは、体長の小さい雌魚は保有している卵数が大きい雌魚よりも少ないことにある。

第2章　長良川のアユの一生

　アユの成長も含めて、それぞれの河川におけるアユの適正放流量はどの程度か？　河川の水産業上、極めて重大な問題である。そこで、岐阜県水産振興室では、数年前に県下の河川における漁場調査を行って、その結果も踏まえて適正放流量を算出して、各漁業協同組合に基本的指示放流量を示している。大まかにいえば、現在、7～8月の長良川におけるアユの全生息量の約50％が放流アユという状態である。具体的には次のようである。

　河川における極めて大きな課題は「生育可能密度」はどのくらいであるかということで、この数値は、河川遡上アユと放流アユを加えたものであって、遡上アユの数も明らかにされている必要がある。この点を克服するためには、さらなる問題、すなわち、それぞれの河川での"有効利用面積"はどのくらいかという点をも明らかにしなければならない。このことは、長良川においても同じことである。

　6月になると、長良川の上・中流域にはアユの数よりも釣り人の方が多いのではないかと思われる光景に出合う。すべて"友釣り"の客である。"友釣り"で掛かるアユは、ナワバリアユである。そこで、長良川ではいくつくらいのナワバリが形成され得るか？　ナワバリは通常、瀬に多いが、この瀬の面積、河床の藻の状態、河床の石の大きさ、浮き石であるか沈み石であるか、出水などによる河床の変化の程度などを加味して、その有効面積を算出して、生息適正数を計算する。空中写真や実測値などから水の流れている河床面積を計算して、さらに瀬の面積（割合）を川岸から、そして実際に川に入って石の大きさや藻の付き具合をみて……算出する。この大作業を終えると、ナワバリアユの許容尾数が示される。次に、このうちの大部分のアユは、解禁が始まると"釣り上げ"られるため、追加放流も考えなければならない。

(5) 河川に定着して成長するアユ

　また、長良川・郡上市あたりでも、状況によってはナワバリアユと同じくらいに成長した成魚が群れているのに遭遇することがある。長良川全体からみた"アユの生産"を考えた場合、この「群れアユ」も重要な資源である。長良川としてナワバリアユと群れアユの比率をどうするのかの課題もある。"河床面積"ナワバリ（約1.0㎡とする）の数が決まると、海からの海産遡上アユの数が問題となる。"遡上したアユの数"は、河口堰の魚道で計測できるが、"今年、どのくらい遡るか"を予想することについては頭を悩ませている。前年の親魚の数、降下仔アユの数、伊勢湾での餌が競合するイワシ類の繁殖状況などを含めた環境、さらに水深や日照時間などの自然環境……、考慮しなければならない要因が多い。しかし、今までにさまざまな資料の積み重ねがあって、徐々に推測できる範囲がみえてきたようである。そうすることによって、次に、放流アユの尾数が自然と決まってくる。長良川のアユを愛する県民すべての関心事であることに相違はない。

ポイント4　アユの生息可能尾数

　木曽三川河口資源調査報告によると、長良川水系のアユの棲みつき可能水面面積は、平水時に本流532万㎡、支流148万㎡で合計680万㎡であり、河床型別構成は早瀬15%、淵22%、平瀬63%である。生息密度を平均0.67尾/㎡と見込めば、解禁前には水面積から推定して約480万尾が生息していると想像されるとしている。

　この密度計算様式には、京都大学による一連のアユの放流効果試験、すなわち「川へ放流するアユ苗の密度の基準」調査結果の要素を加味したもので、その考え方は現在も利用されている。なお、前述したように、計算上の生息密度は0.67尾/㎡としているが、1966

第2章　長良川のアユの一生

年7月に生息密度を実測したところ、0.002〜0.059尾/m²で、10%程度であったとしている。放流アユの尾数（量）は、毎年ある程度の正確性をもってその数値が示されることを考えれば、伊勢湾からの遡上アユ量の変動は驚くほどであろうと想像される。何とかして長良川に生息可能な密度、すなわち適正生息可能な尾数が決まり、事前にその年の遡上アユの量を知る手立てを確立することができれば、放流アユの量をあらかじめ予測することが可能となり、水産資源の点からも、河川環境の点からも極めて望ましい状況が発生する。少なくとも今後しばらくの間（数年間）は、このような実測調査を長良川において実施することが必要であると痛感している。

ポイント5　アユの小型化

「長良川を遡上するアユが近年小型化している」とよくいわれる。その理由に、産卵・孵化の早い（9〜10月）仔アユは、水温の高い、餌の豊富な環境で生育するため、翌春の早い時期に大型のアユとして長良川を遡上していた。しかし、河口堰が建設されて後は、これら早い時期に孵化降下するグループの仔アユは高水温と河口堰による流速の低下により、伊勢湾にたどり着くまでに死んでしまい、産卵・孵化の遅い（11〜12月）アユは、水温が低いため死ぬことなく降下し、翌年春に遡上して、秋には小型アユの状態で親となる。このことを繰り返して、徐々に小さなアユが生き残っていく。そして、これらの現象は河口堰の影響であるとしている。

しかし、この考えの科学的根拠が明確でない点がある。1990年以来、現在まで毎年6〜7月に、長良川下流域（安八地区・河口より36km、瑞穂地区・河口より42km、岐阜市大縄場地区・河口より49km）で投網によりアユの採捕を行い、その体長を年度別に比較検討した

(5) 河川に定着して成長するアユ

ところ、全調査期間を通して、いわゆるアユの遡上期の後期（6～7月）に採捕したアユの中に、体長60mm以下のアユが多く混在し、その割合は調査期間中、共通していることが判明している。さらにこのことは、揖斐川や庄内川でも同じ傾向である。最近、小型アユが話題になるのは、これら6～7月に下流域で採捕されるアユの中から成長の良いアユが間引きされて、小型アユばかりが目立つ状況が生じているのではないか。

　長良川河口堰の建設運用は1995年以後である。アユの小型化を一方的に河口堰の影響であると決め付けずに、その他の要因（例えばカワウやカワアイサの影響など）も含めて、いろいろと科学的なデータを集めて検証する必要がある。そして、これらの小型アユを水産業の面からどのように利用するかも、別途考えていく方向性があろ

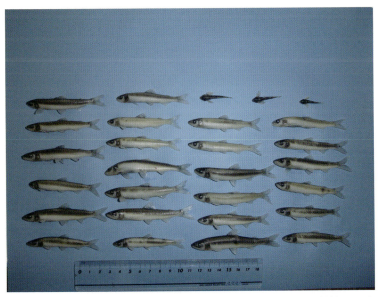

2016年5月24日　長良川大縄場大橋下流、投網採捕のアユとタモ網採捕のカジカ

第 2 章　長良川のアユの一生

長良川河口堰の魚道を遡上するアユ。左：2016 年 4 月 12 日採捕（大型）、右：2016 年 5 月 23 日採捕（小型）

う。早期に遡上していくアユが上流域に達するまでに、多くが消耗してしまうのであれば、小型アユを次世代の親魚として利用するために、河口堰で採捕して池中養殖をするという方法も有意義であろう。

ポイント6　魚類・アユの遊泳速度

　日本中、どこの河川をみても、ダムや堰が構築されて、そこでは魚類が上・下流への移動がスムーズに行われるように魚道が設置されている。その場合、最も重要視される要件の一つに魚類の遊泳速度がある。

　通常、魚類の遊泳能力は二つに区分される。一つ目は突進速度で、数秒間発揮できる速度であり、魚道内での最も速い流速の部分を通

過するときのバロメーターとなるものである。一般的には、体長の約10倍の速度といわれている。いわゆる瞬間時だけ出すことのできる最大の速度である。二つ目は巡航速度で、長時間（60分間）持続できる速度である。魚体が紡錘形（ぼうすい）をしている場合には、巡航速度は2〜4×体長cm/secが基準になるといわれている。

当然のことながら、遡上魚は他の魚類と比べて遊泳速度が大きいが、特にアユで顕著である。そして、これらの遡上魚は静水よりも適当な速さの流水中で、その能力を発揮するといわれる。

体長50〜60mmのアユ……流速30〜50cm/sec条件下での遊泳速度は35〜50cm/sec

体長60〜80mmのアユ……流速40〜60cm/sec条件下での遊泳速度は60〜85cm/sec

体長80〜90mmのアユ……流速50〜70cm/sec条件下での遊泳速度は110〜120cm/sec

アユ成魚（体長110mm以上）の突進速度からみると、アユは河川に生息する淡水性魚類のオイカワ、ウグイ、カワムツ、コイなどに比べて、最も高い部類に属する。通常、オイカワやウグイが移動できる流速の魚道であれば、アユにとっては問題ない。言い換えれば、アユが遡上できないような魚道は、その役割を全うすることはあり得ないことになる。魚道における流速よりも、魚道の下部口（入口）周辺の状況は、魚類が集まって遡上体制になれるようであるか否かが問題であろう。河川は、増水や渇水など、さまざまなときがあるため、臨機応変な対応が要求されるが、これについては今後の課題の一つである。

第2章　長良川のアユの一生

表．主な淡水魚の突進速度

魚種	体長（mm）	突進速度（cm/sec）
アユ	5〜6	3〜7
	40〜50	50〜70
	50〜90	100〜120
	114	178
オイカワ	75〜95	100
コイ	153	150
カワムツ	80	16.5
ニジマス	140〜150	170〜200
ウグイ	70〜100	100

ポイント7　アユの冷水病

　冷水病は、北米のサケ科魚類における疾病であったが、1984年ごろにはヨーロッパ各地のニジマス養殖場で流行が認められ、日本でも1990年に東北地方のギンザケ孵化・養殖場で発病が確認、報告された。アユにおいては、1987年に徳島県において琵琶湖産の種苗アユ移送時に発生したことが報じられた。その後、全国各地のアユ養殖場で、湖産種苗、人工孵化アユ種苗、さらに海産種苗のいずれにも発現したが、その原因として養殖に用いる河川水が疑われる場合が多い（アユの冷水病の発生例が多い）とされ、それぞれの河川水の中に既に高い割合で冷水病原因菌が存在しているといわれた。すなわち、長良川もその範ちゅうに入ることになる。さらに、夏季を中心に琵琶湖内や周辺河川で体表に潰瘍がみられるアユが多く観察され、それらの患部から冷水病原因菌が高い頻度で分離されたとの報告もあり、琵琶湖産アユの中に保菌魚がいることは確かである。このような経緯もあって、現在では琵琶湖産アユの放流を控える傾向にある。しかし、すでに河川水の中には原因菌が存在していると

(5) 河川に定着して成長するアユ

考えられ、これに対する対策は今のところ、顕著なものは知られていない。

　長良川で、1990年から冷水病の発現状況の調査を開始した。調査地点は瑞穂から墨俣地区と河渡地区で、調査は6月に行った。まず、瑞穂から墨俣地区では、1990～2002年の間に総数2585尾中1尾で、その出現は2000年で、その時の症状は下顎底炎症であった。一方、河渡地区では、1997～2002年の間に224尾中22尾に出現し、最も早い出現は1998年で29尾中2尾であり、最高頻度は52尾中16尾（30.8％）であった。この2地点での差は、前者に生息するアユは伊勢湾から遡上してくる海産アユが中心であり、後者には放流アユが多く混在していることによると考えられた。なぜなら、冷水病は淡水魚に主として伝染し発病するもので、海産魚では保菌も発症も

冷水病のアユ（下顎、口腔底に炎症がみられる）

ほとんど無いといわれているからである。ちなみに、2002～2015年に長良川河口堰魚道において採捕した遡上アユ4800尾中に冷水病アユは1尾も確認されなかった。2000年前後には、長良川をはじめとして県下の各河川で、放流アユを中心として6～8月に川底が白くなるほどに多くのアユが死んでいるのが報告され、大半は冷水病であるとのことであった。ほぼ同年代8月に琵琶湖で至るところにアユの死体がみられ、皮膚に潰瘍のみられるアユがフラフラと泳いでいるのもみられた。それらを取り上げて体表を観察したところ、500尾中472尾（94.4％）が冷水病であった。このときの水温は32℃以上であった。しかしその後、年数が経過するにつれて、冷水病アユの姿は著しく減少し、この数年間は長良川では数％、琵琶湖でも10％を超えることはなくなった。幸いなことに、この冷水病菌は熱

冷水病のアユ（下顎先端部に歯列欠損と炎症がみられる）

(5) 河川に定着して成長するアユ

に弱く、ヒトの36℃の体温と同じ温度では生息できず、食材に用いても人体には何ら影響は無い。

主な症状

① 下顎に発赤や出血がみられる（下顎底炎症）

② 体表に穴あき ｛皮膚の潰瘍／筋・骨の露出／内臓の露出｝ 全身に発症

③ 皮膚の変色（細胞の壊死）

　アユの場合、①が圧倒的に多い。これは、アユは餌である石の表面の河床着生藻類を顎の櫛状歯で削り取るが、その際に冷水病菌が多く存在している藻や土・砂を顎に接触させることによると考えられる。

冷水病のアユ（腹部側面に"穴あき"がみられる）

第2章　長良川のアユの一生

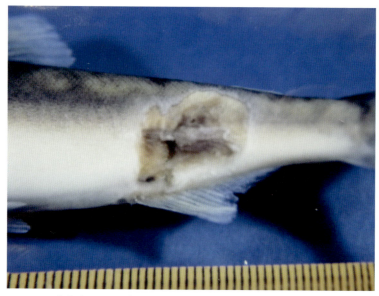

冷水病のアユ（尾柄部側面に"穴あき"、脊柱がみえる）

下顎短小アユ

(5) 河川に定着して成長するアユ

ポイント8　アユの奇形

　1980年ごろは、環境汚染が大きな社会的問題として日常生活にもさまざまな影響がみられた。工場排水をはじめとして生活排水、農業排水など、河川へ流入することは容易に想像ができた。しかし、「この現状は、客観的にみればどういう状況なのか」わかりやすく表現すれば「例えば、魚類における奇形の出現頻度が増大したということは、どのような科学的な根拠に基づいているのか」と問うたとき、それを判断する基準すら無いということを知った。大変なことである。奇形・形態異常とはいうものの、正常と異常の判断をする基準が無いのだから、前へ進むことができないわけである。そこで、基準作りから開始した。アユ、ウグイ、オイカワ……多種にわたる。これらの魚類について、脊椎骨異常を追究するとすれば、成長段階

脊柱弯曲アユ

第2章　長良川のアユの一生

別、性別にその椎骨長や椎骨径の正常範囲を決める作業がまず始まる。アユの場合、その基準値は何を材料にしてどのように求めるか？と考えたとき、遡上が活発で環境汚染が少なく、アユが定期的に入手できるというので矢作川と長良川産アユを標本にした。当時、最も多いアユの奇形は、湾曲（背曲がり）、短小であった。その原因となるのは骨格である。まず、外部形態異常、次に骨格系異常への道筋をつけて、骨格系（主として脊椎骨）の発育・成長について研究を始めた。同時に、比較対象として琵琶湖アユと人工孵化養殖アユを用いた。骨格の形態異常の発現には、発生初期にその骨の原基が形成されないことによる場合と、後期の成長が順調に進行しない場合とがあることがわかった。初期発生時の環境で最も大きな影響を与えるのは飼育水温である。初期餌料も大きな影響を与えるが、

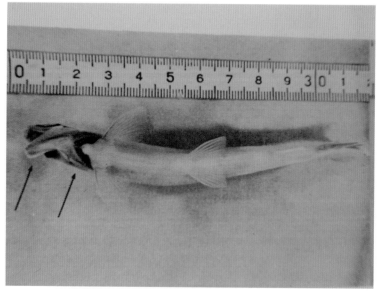

下顎彎曲、鰓蓋欠損アユ

(5) 河川に定着して成長するアユ

それよりも発育速度が影響する。このような原因で数量的要素に正常と異常が出現する。このことを土台にして骨の形成が進行するが、形態異常として出現する類型は、脊椎骨の短小と癒合が中心である。そこで、それぞれの体長別に脊椎骨長の正常範囲が必要となるわけである。それを基準にして判断するという作業が続く。

　現在、長良川で確認されるアユの外部形態異常は、背曲がり、短縮、それに下顎変形であり、骨格系異常は脊椎骨短小、2または3個の脊椎骨癒合、棘突起の過不足、下顎骨の湾曲、下顎底の突出および歯列の減少などである。調査を開始したときには、長良川で外部形態異常はみられず、矢作川でも0.15％であった。しかし、現在はやや増加の傾向にある。特に、口部近辺に形態異常が高頻度でみられる。このタイプは、自然河川でも時々出現するが、その大半は人工孵化養殖アユである。アユの口部では上・下顎ともに若魚期に稚魚型歯系から成魚型歯系に変化する。その際に、下顎骨（歯骨）は湾曲型から直線型に大変化するが、この時期は伊勢湾から長良川への遡上が始まり、食性も動物プランクトンから着生藻類に変化する時期で、さまざまな環境要因

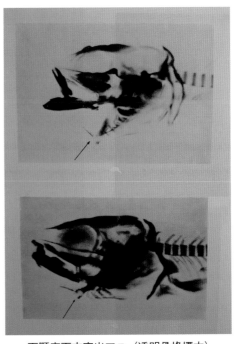

下顎底下方突出アユ（透明骨格標本）

第2章　長良川のアユの一生

の影響を受けて、下顎底が突出したり、下顎骨が湾曲したりする。いわゆる成長異常を起こす。この形態異常を変異とみて、対策を講じる必要性は無く、大きな問題でないとも考えられる。なぜなら、河川に放流された後も、着生藻類を十分に食べて順調に成長しているからである。また、口に入れた時、アユ特有の味も香りもする。なお、この口部近辺骨の形態異常を指標として、海産遡上アユと人工孵化養殖による放流アユとの識別を行い、河川での両者の割合を推定しようという考えもある。しかし、"清流長良川のアユ"としての立場からいえば、この異常は人工孵化養殖アユの宿命的なものであると決め付けるのではなく、餌料や養殖池の大きさや流速などさまざまな環境要因の改善は今後の重要な課題であろう。

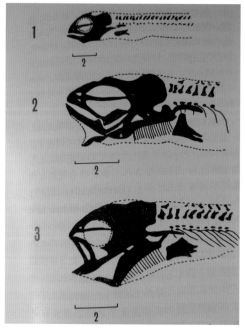

下顎底下方突出症状の出現順序（1→2→3）

(6)"岐阜清流長良川の鮎"と環境

　2015年12月に「長良川上・中流域の清流長良川の鮎―里山における人と鮎のつながり―」が国連食糧農業機関から世界農業遺産に認定された。岐阜県民、とりわけ長良川流域に生活する人々の努力が報われたことになり、そして農業遺産を今後将来にわたり伝承していこうという精神は極めて大切であろう。

　アユは、1年で一生を終えることから年魚、香りがよく好まれることから香魚など、さまざまな呼び名で親しまれ、日本の「国魚」といってもよいほど全国各地で食されている淡水魚の代表である。海産遡上アユの他に、琵琶湖のアユは湖アユとして全国各地の河川に放流され、内水面水産業を支えてきている。さらに、どこの地方の河川でも「おらが川のアユが一番おいしい」との自慢話がある。このような背景の下で、"岐阜・長良川のアユ"が世界農業遺産に認定された。「なぜ、長良川のアユなのか」誰しもが抱く疑問かもしれない。

　国連食糧農業機関が示している認定基準には次の五つがある。
1) 食料と生計の保障
2) 生物多様性と生態系機能
3) 知識システムと適応技術
4) 文化、価値観、社会組織（農文化）
5) 優れた景観、土地と水資源管理の特徴

　これらのうち、"長良川のアユ"の本書で取り扱えるのは2)と3)の領域かと思われる。

　まず、アユ plecoglossus altivelis の分布域であるが、日本列島、朝鮮半島、中国大陸沿岸で、いわゆる東アジアの一部に限定されて

いる。アユの一生は1年であるから、産卵・孵化場から海までの距離を卵黄の吸収が終わるまでに移動し終わって、餌料生物（動物プランクトン）の豊富な海洋に達することが必要である。また、アユが遡上する河川の条件は、春に遡上したアユが、半年後には成長・成熟して、秋には産卵場まで降下可能な川の長さ（遡上は1日に1～2kmといわれる）であること、そして河床は10～30cmほどの浮き石で構成され、着生藻類が十分に生える場所、すなわち、成熟に必要な場所が上・中流域に存在することが必要になる。水温の低い大河川では上流域が利用されないことも生ずる。このように考えると、中国大陸の大河川（黄河・揚子江など）はアユには不向きである。日本列島でも東海地方の太平洋側、特に岐阜県などは、アユが成育するのに最も条件の整った地域だと思われる。さらに、アユ漁が盛んになるためには、内陸地域であるということが重要である。海に面している地域では、タンパク源を海産魚に求めて淡水魚（河川）をその対象にはしていない。すなわち、内陸県と海洋県とでは、アユなどの淡水魚に対する考えが根本的に異なっている。アユは、淡水魚の中ではウナギと並んで人々に食料として親しまれている魚種である。岐阜県は、従来から動物タンパク質を川魚に求め、その代表格がアユだということになる。よって、流域住民のアユに対する意識は極めて高度であると思われる。また、長良川の鵜飼漁は、古来伝統的に行われていることで、全国的に有名であり、清流の印象を著しく高めている。そのような背景があって、長良川流域の住民の間では大切に思い、未来永劫に清流長良川が維持されるように願っている。

　しかし、1980年代から長良川の魚に関心を持ち、年間何度となく郡上八幡周辺の長良川をみてきたが、「長良川への人々の愛着心が

(6)"岐阜清流長良川の鮎"と環境

薄れてきたのではないか」と苦になった時期がある。河原に空き缶やビニールのゴミの量が急に増加したのである。このころは、県庁内に設置されている内水面漁場管理委員会でも川に対するモラルを含めて、川をきれいに、誰しもが楽しめる場所にするための方策などが話題になった。時代的には1990年代の初めで、いわゆる"長良川河口堰の建設計画が持ち上がったとき"だった。私もその議論の場にいたが、人の心の動向に愕然(がくぜん)とした。自然、ここでは河川、とりわけ長良川に対する愛情が薄れてきているのではないかと心配した。しかし、この状態は永くは続かなかったように思う。流域の人々を中心として、"清流長良川を！"とさまざまな形で行動が始まり、行政もこの方向に力を入れてきたように思う。何かを行えば、必ずそれには功と罪がある。長良川を自分たちの宝として付き合っていくにはどうすればよいか？　答えは出てくる。将来を見越しての源流の森での植林活動はその代表的な行動だろう。

　このようにして、全国的にも広がりをみせた、いわゆる河川の自然環境の破壊は、長良川においては克服への方向性が示されてきたように思う。長良川河口堰に関しても、立場によってさまざまな考えがある。遠い未来に向かってどうするか、また、直近の問題としてどうするか。人々の知恵は、可能な手段によって解決策を見出していくものと信じている。今回の"長良川のアユ"は、その路線上にあるものと考えている。このようにいろいろと考えている間に、「まず、長良川のアユを食べてみよう」と思い、昔から懇意にしてもらっている郡上漁業協同組合の白滝さんを訪ねて、"長良川のアユ"の話を聞いた。彼は郡上アユの生き字引だと私は思っている。話はさまざまな方向であった。まず、郡上のアユは大正時代に東京でその品質が保障されたことにより、郡上のアユで生計が立てられ

第2章　長良川のアユの一生

るようになったため、地元の人々の間でアユ釣りが盛んになった。私は、このことは極めて重要だと思う。生活が成り立つことは、すべての始まりである。さらに、昭和40～50年ごろには、アユの人工孵化養殖も始まった。長良川のアユの価格が上昇・安定したり、アユ釣りに従事する人が安定した収入を得られるようになったり、さまざまな状況を経て、消費者の希望に沿うアユの出荷体制が確立されてきた。このような体制が整備されて現在に至った、と彼は話してくれた。が、問題は"長良川アユの品質はどうして維持されているか"が最も関心のある点である。彼の言い分を整理すると次のようであった。①長良川の源流付近の地質が、流れ出る水質を良好に保っている—ケイ藻、ラン藻の生育に良い。②厳しい流れ（急流）がある。③鮎釣りの道具や技術が高度化した。そして、最後の一点は、極めて興味深かった。それは、「養殖放流アユを長良川の急流の中に放流すると、2週間ほどで天然のものと変わらなくなる」という点であった。養殖アユは、天然アユと比較してやや肥満気味で、脂肪が多いのが特徴である。この腹部脂肪が2週間で消失するというのである。あらためて、自然環境の重要なことを再認識した。

　郡上アユ（長良川アユ）を白滝さんに分けてもらって、持ち帰って塩焼きにして食べてみた。やはり、塩焼きのアユは美味であった。郡上の人々が自慢する訳がよくわかった。そして、食べながら大きな疑問が浮かび上がった。「腹部内臓」を除去していないのに、砂・泥、いわゆる泥臭みが感じられない。ジャリジャリ感が無い。2尾食べたが、同じであった。岐阜市付近で刺網や投網などで捕ったアユはこのようではない。そこで再度、問うてみた。「郡上アユは砂吐きの作業、すなわち釣り上げてからしばらくの間、畜養していますか」と。「何もしていません」との返答であった。そこで、研究

(6)"岐阜清流長良川の鮎"と環境

2016年6月6日(アユ解禁日)の翌日の長良川郡上市の状況。釣り人が見える。

第2章　長良川のアユの一生

室に帰ってレントゲンフィルムの上に、体長15〜16cmの郡上アユを5尾ずつ並べて、4枚、レントゲンを撮影した。同時に、愛知県・豊川で採捕した同サイズのアユ5尾も撮影した。驚いたことに、すべての豊川アユの腹部には砂が写っていたが、郡上アユの腹部には砂・泥は全く写っていない。どういうことか。理由を考えてみた。餌料としている着生藻類の中に砂・泥が入っているか否かの差だと思った。長良川・郡上市を流れる長良川の流心部付近の河床部から直径30×30cmほどの石を取り上げて、石の上面のアユの食み跡のついている部分の藻を歯ブラシで削り取って、薬包紙に包んで、アユ自体と同様にレントゲン写真を撮った。全く同じ方法で、豊川でも藻を採取して、レントゲン写真を撮った。これらの二つのレントゲン写真をみて、納得した。このジャリジャリ感が無いのとあるのと

出荷される郡上アユ（2016年6月6日）

(6)"岐阜清流長良川の鮎"と環境

は、餌となる藻類の良しあしによることがわかった。では、郡上アユにはなぜ砂が含まれていないのか。この原因は二つあると考えられる。第1に、郡上市の長良川の流心部は、河床が直径30cm以上の浮き石で構成されており、沈み石ではない。すなわち、河床の表層にある石は浮いた状態で、左・右・上面は絶えず流れにさらされている。そのために、砂が付着しにくい。第2に、浮き石が多いということは、土砂が上流から多く流れてこない。すなわち、川の周辺からの土砂の流入が少ないことを示している。第1の原因も、第2の原因も共に、その基となる条件は共通して、河川周辺の環境に人々の注意が行き届いていることに起因している。おそらく、世界農業遺産に認定された理由、また認定を申請した理由の中には、人々の英知を結集して、可能な限り、長良川のアユが自然の状態に近い環境で、末永く生息できること、そしてそれらを利用して、人々が文化的生活を営むことができることを願っている人々の心のあり方にあるのだろう。

河川に定着したアユは、夏季には猛烈な勢いで繁殖する着生藻類を食べる。ケイ藻やラン藻である。これらが繁茂するには水質が大きく影響する。この郡上地方（長良

郡上アユ（2016年6月6日）

第2章　長良川のアユの一生

川・馬瀬川流域）の地質からの水が、良質な藻類を生育するものと考えられる。さらに、藻類は植物であるから、陸上での野菜の栽培に用いられる肥料も重要な役割を果たしている。すなわち、高原野菜を中心にした栽培農家の用いる農薬の量も、過不足なく用いられていて、長良川をはじめとする周辺の河川に適度に流入しているのかもしれない。このような状態が維持されて、アユの餌生物の生産も順調である証であるように思う。以前、この地域の農地を農林省の人たちに同行して見学したことがある。ハウス栽培だったが、排水路の配管や土砂の沈殿池、濁水が直接河川に流入しないような配慮がいろいろとなされているのを知った。さまざまな生活環境への気配りがあるのだろう。その結果として、郡上地方を中心とした長良川のアユの味を保障している。必要以上に人の手を加えていないのも良い結果に結びついているのかもしれない。

　前述したように、"長良川のアユ"という場合には、伊勢湾から遡上してくるアユと、それに匹敵する量の放流アユが含まれている。この放流アユの中に、岐阜県魚苗センターで人工孵化養殖されたアユがいる。ここで用いられているアユの種苗生産に関わる高度な養殖技術は、長良川のアユの将来を考えた場合に、放流用アユ種苗の安定（供給）確保や価格の安定は、必ずや必要となるとの考えのもとに、長良川河口堰の建設計画の一環として開発が本格化したものである。現在、当種苗センターで用いられている親アユは長良川・木曽川産のものであり、人工受精の後は、人工海水を用いて、餌料はシオミズツボワムシ、配合飼料で、成長して体長4cm以上に達すると淡水を用いるようになり、餌は配合飼料で水温は15℃に維持されている。海水を用いるこの方法は、海産アユを親とした子孫の養殖技術であり、琵琶湖アユの人工養殖方法には適さず、図らずも、

(6)"岐阜清流長良川の鮎"と環境

当センターで生産されているアユは海アユ由来のものであることになる。このように養殖された海アユ由来のアユが長良川に放流されているのである。そして、長良川の自然の流れによって、約1カ月以上で立派な"成アユ"に成長していく。長良川アユの誕生である。

　サケ科魚類のサケは、産卵・孵化して仔・稚魚期を河川で過ごし、降河して海で2～4年を過ごした後に帰ってくる、いわゆる"母川回帰"が話題になるが、サケ科に近いアユの場合はどうか。一般的に、アユは孵化して数日後には海洋生活に入るために、産卵・孵化した河川の水質を記憶する技が無いといわれてきた。また、ある自然河川での調査で、降下仔アユの数から減耗率などを考慮した結果、とても想像のつかないほど多くのアユが遡上したとの結果もあり、"母川回帰"は無いといわれている。以前に、伊勢湾に流入する長良川・揖斐川・木曽川それぞれの河川水に対する遡上アユの選好性の調査が行われたことがある。長良川と木曽川、長良川と揖斐川、それぞれの間で比較している。いずれの場合にも、長良川の水の方をアユが好んで選択するという結果だった。当時の水質についての分析技術は現在ほどではなかったかもしれないが、決して長良川の水質が良好であるとの結果ではなかったようだ。でも、アユは、長良川の水質の何かを感知して選択したのだと想像される。長良川の郡上地区の地質や森林の状況を反映して、そこで生育している河床藻類などに由来するにおいを感知しているのかもしれない。嗅覚は不思議な感覚である。私たちの嗅覚器の感知程度はガスクロマトグラフィーなどの化学機器に勝るとか、イヌはその人間の数千、数万倍の感知能力があるといわれている。このようなことを考えると、アユは私たち人間が想像もできないほどの能力を持ち、いまだ未知の嗅覚物質に基づいて河川水を判断しているのかもしれない。恐る

第2章　長良川のアユの一生

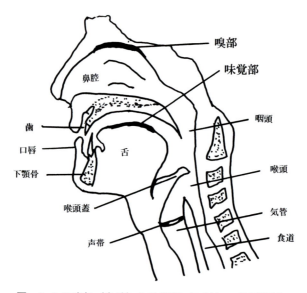

図．ヒトの嗅部（鼻腔）と味覚部（口腔）の位置関係

べし"アユ"だろうか。

ポイント9　アユが生息しやすい条件と長良川

　アユは、全国各地のすべての河川に生息している、日本有数の淡水魚類の代表である。そのアユにとって生活しやすい、すなわち良好な環境条件は川に生息する水生生物一般に共通したものであり、特別なものではない。その要件には次のようなことが考えられる。

　① 水質の良好な水が年間を通して季節感あふれて流れている。

　② 稚アユの遡上、仔アユの降下を妨げる堰堤（河口堰）が無い。

　③ 中・上流域に早瀬や平瀬、淵が形成され、コンクリート護岸が無い。

　④ アユの生息・成長する場所では川の中に巨石や大きな石があって、浮き石状態である。

⑤ 全域を通じて周辺から水質を悪化させる環境汚染物（都市下水など）の流入が無い。

順次、簡潔に長良川での状況と対応策を述べていく。

①長良川の上流域の地質は、河床の着生藻類（ケイ藻、ラン藻）の生育に有効な栄養分を含んだ水を長良川水系に供給している。さらに、将来に向けて広葉樹の植林事業を行っている。

②現在、長良川に河口堰が建設運用されている。孵化仔魚はやや海までの降下期間を多く要しているが、魚道を越えて生きて海に入る仔魚も多くみられる。健全な仔魚が海に入るために、河口堰の直下流に人工河川を構築して産卵・孵化を増大させている。堰堤の越流をより順調に行うための魚道の改良やゲート操作の改善は今後も検討していく価値はあろう。遡上アユに関しては、現状で順調に機能を果たしているが、堰の下流に集まった稚アユをカワウの餌となるに任せず、これらの稚アユを採捕する施設を考案して採捕稚アユを上流へ移動放流することを検討するのも一つの方法である。しかし、自然河川における魚類の生態（生息量など）の把握には、極めて長い年月と多様な方法による調査が必要である。長良川のような大規模な河川では、あらゆる手段によってデータを積み重ねて、初めてその結論が導き出される。今後もさらなる調査・研究が望まれる。そして、それを基準として河口堰の評価の検討を重ねていくことが望まれる。

③④ アユは6～9月ごろに河川にナワバリをつくって、河床に繁茂した着生藻類を食んで成長する。良質な藻類が繁殖する条件には、砂や泥などが少ないこと、河床が浮き石で構成されていること、すなわち河床の石の三方（上流・側流・下流）が河川水で洗われていることがある。河床の石が浮き石であって、隙間が多い

ことは、早瀬が多いことと連動する。また、淵の形成は河道が直線的でないことと関連しているが、アユの休息場として必要である。これらは、河川への外部からの土砂の流入が無いことと、適度に出水があって、土・砂・古い藻類などが堆積しないことに関連する。長良川では、支流にダム建設の計画があるという。この場合、最も心配されるのは工事中を含めて、道路からの土砂の流入である。万全を期して土砂の流入を防ぐ必要がある。

⑤長良川は、全国的にも都市地区を流れてくる河川の代表である。当然ながら、都市下水などの流入は避けられない。これを防ぐのは市民の自覚が最も大切である。長良川をきれいにしようという機運は高まっている。

　私たちの自然との関わり方は極めて多様である。その時代時代に直面する課題もさまざまであり、変容する場合もあるが、客観的な情報に基づいて、その判断には万全を期することが求められている。そのためには、まず"正確な情報"をいかにして得るかが重要である。

ポイント10　人工孵化養殖アユと遺伝子の多様性

　長良川に生息しているアユは、伊勢湾から遡上してきた海産アユ、岐阜県アユ種苗生産センターによる人工孵化養殖アユの放流アユ、さらに長良川下流域の漁業協同組合の人工授精による受精卵の放流（河口堰人工河川も含む）に由来するものがいる。これらのうち、人工授精に関与する事業に関して、特に受精に用いる雄魚の選別に人為的作為が考えられ、遺伝子の多様性について疑問視する立場がある。長良川下流におけるアユの人工授精は40年ほど前からその状況を垣間みてきたが、作業現場では雄魚を選別している状況は全く

みられず、無作為に行われている。岐阜県アユ種苗生産センターの船木さんにセンターでの状況を聞いたところ、「例えば2015年は、長良川・木曽川から親魚をほぼ半分ずつ、雌成魚約3000尾、雄成魚1500尾を用いた。特に受精に用いた雄親魚は遺伝子の多様性を念頭において親魚のタイプが偏らないように細心の注意を払っている」とのことであった。また、必要とする親魚数を得ることが第一で、人為的に選別するなどの余裕は無いとのことでもあった。

　当面の課題について、その時代時代で最新の技術でもって事業を推進することは極めて重要である。人工孵化養殖アユの場合には、自然河川での生育環境と比較した場合に、さまざまな点で異なる。このことは、産卵・受精・孵化・発育（成長）の一生の過程において生残率を比べると、おのずから理解できることが多い。例えば、養殖された生物は自然界で生育したものと比べると、形態・生理の面で異常成長を示す頻度が高い。飼育条件の適・不適の判断は、遺伝子のほかにこれらの現象を加味するとわかってくることがある。最も困難を極める問題の一つには、初期餌料がある。自然界における餌料を的確に発見できると前途は開けてくる。アユの人工養殖ではこの問題が解決されたのであるが、ウナギの人工孵化養殖ではこの難問は未だ解決されていない。今のところ、自然界では摂食している可能性の無い餌を給餌することによって初期発育段階を乗り切ったようではあるが……。人工孵化養殖アユが、自然河川へ放流されて以後、海産遡上アユの場合と同じように河川に定着し、ナワバリを形成して河床の藻を食んで、夏季の終わるころには体長20㎝以上に成長して元気に産卵活動に加わってくるという一生を過ごすためには、乗り越えなければならない課題はまだまだあると思われるが、さまざまな方面での研究の結果、さらに改善されていくもの

と思う。

ポイント11　アユの香りと味

　一般的に、魚の脂肪含有量は味との関係が深い。それぞれの魚類で旬が決まっているが、この旬の時期に食べると、脂がのって大変美味であることが多い。また、同種の魚でも、脂の多い筋肉は少ないものよりもうまいと感じる場合が多々ある。時として、天然アユよりも養殖アユの方が美味だと聞くことがある。多分、脂肪含有量の違いによるものと思われる。しかし、塩焼きにして食べたときに、脂の少ない天然アユの方が養殖アユよりもうまいと感じることがよくある。これは、両者の脂肪の性質、加熱による香りの違いも影響しているのかもしれない。

　アユ特有の香りは河川の着生藻類の香りにもよく似ているといわれる。アユ特有の香りの成分としては、キュウリの香りの本体であるキュウリ・アルコールが多くのアルコール類とともに存在することが確認され、おそらくより詳細な部分では共通点があるものと思う。そして、この揮発性成分は天然アユの餌の着生ケイ藻類に含まれている。すなわち、アユ特有の香りはケイ藻類のものと共通であることから、この段階ではアユ特有の香りは着生藻類に由来するということになろう。さらに、この香りは天然アユに比較して明らかに少ないが、養殖アユにも存在するといわれることから、餌のケイ藻に由来する香りのもとと同じ物質が、キューリウオやアユの皮膚や鰓の中に多く含まれる酵素の働きによって合成された化学物質と共通点があると考えられている。自然界には驚くような事柄が多いが、それを直感的に見分けてきた人間の感受性は素晴らしいものである。そして、天然アユの塩焼きを口にするとき、アユの肉質のみ

ならず、内臓に含まれている藻類も同様に食べることによって"アユの香り"をより顕著に感受するのである。人間の味覚と嗅覚はお互いに、鼻腔と口腔が通ずることによって、両者はより効果的にその感覚を感受するのである。口腔内すべての感覚（嗅覚器、味覚器・味蕾、歯や口腔粘膜による触感、歯による硬さなど）を最大限に生かしてアユの塩焼きを食べるとき、「良質な水」、「良質な藻類」、「良質な肉質（アユ）」を同時に感受して「長良川のアユはうまい」という結論に行き着くのである。

ポイント12　放流量、遊漁者数、漁獲量の推移

　岐阜県下の各地河川において、水産業における漁獲対象魚種として取り扱われている魚類は17種（テナガエビ、モクズガニを含む）である。これらの魚類は、河川（漁業組合）によって多少の差異はみられるが、広く生息し、漁獲対象となっている。

漁獲対象魚種：アユ、イワナ、アマゴ（サツキマス）、ウナギ、オイカワ、ウグイ、コイ、ニゴイ、フナ、ドジョウ、アジメドジョウ、モロコ、ナマズ、ヨシノボリ、カジカ、テナガエビ、モクズガニ（17種）

　近年、岐阜県下でも魚類の消費、特に淡水魚類の利用が著しく減少して、内水面漁業の面からも対策がいろいろと検討されている。

　平成25年の動態調査では、岐阜県ではこれらの魚類のうち、アユの比重が高く、総漁獲量の64%を占め、漁獲金額は82%を占めている。また、河川別にみると、全漁獲量のうち、長良川水系が53%、木曽川水系が22%、そして揖斐川水系が17%を占めている。アユでは長良川水系が61%を占め、次いで木曽川水系24%、揖斐川水系17%となっている。

第2章　長良川のアユの一生

表．主な淡水魚の漁獲量における平成4年と平成24年の比較

	平成4年	平成24年	平成24年／平成4年×100（％）
遊漁者数（県全体）	1186394人	425772人	35.9
アユ遊漁者数（県全体）	721762人	215467人	29.9
長良川のアユ遊漁者数	97038人	16777人	17.3
アユの放流量	131093kg	120463kg	92.1
漁獲量			
全魚種	3358378kg	662828kg	19.7
アユ	1725502kg	453859kg	26.3
サツキマス	31778kg	2850kg	9.0
ウナギ	59069kg	5504kg	9.3
ウグイ	218873kg	17571kg	8.0
オイカワ	17638kg	18105kg	10.3
フナ	288610kg	15940kg	5.5
ドジョウ	4967kg	298kg	6.0
ナマズ	69858kg	2069kg	3.0
アジメドジョウ	5759kg	3030kg	52.6
ヨシノボリ	13797kg	10180kg	73.8

資料：岐阜県の水産業（岐阜県農政部農政課水産振興室）

　ただ、岐阜県では、河川漁業は遊漁的であり、漁獲の多くが出荷されずに自家消費として供されている。市場に出荷されるものは全漁獲量の7.4％に過ぎないといわれ、大半のものは自家消費されている。

　最近、長良川のアユの漁獲量の年推移をもって、河口堰の影響を推論する場面がみられるが、アユの年推移にみられる傾向は、ウグイ、オイカワ、フナ、ドジョウ、アジメドジョウ、ヨシノボリを除いた魚類全般にみられることであり、アユに特異的にみられる現象とはいえず、更なる資料を加えてその原因の追究を進めていかねば

(6)"岐阜清流長良川の鮎"と環境

ならない。

ポイント13　長良川に生息するアユ以外の魚類

　本書では、アユを中心として話を進めてきたが、長良川にはアユ以外にもさまざまな魚類が生息している。

　近年、藍川橋から安八町までの地域で、1988年以後に、投網およびタモ網にて定期的調査によって採捕確認された魚類は16科55種であった。言うまでもなく、アユは単独で生活でき得るのではなく、多くの生物と何らかの関わりをもって生息している。そこで、この地域を中心に生息している魚類を生態の面からまとめると次のようである。

（1）成長段階のある時期に伊勢湾から遡上する魚類
　　アユ、ウナギ、アマゴ（サツキマス）、カジカ、アユカケ、スズキ、ボラ、マハゼ（8種）

（2）下流域を主たる生活場所とする魚類
　　ウグイ、アブラハヤ、カワムツ、オイカワ、ハス、カワバタモロコ、カマツカ、ツチフキ、ゼゼラ、ヒガイ、タモロコ、ホンモロコ、イトモロコ、スゴモロコ（コウライモロコ）、モツゴ、ニゴイ、フナ、コイ、タイリクバラタナゴ、ヤリタナゴ、アブラボテ、ドジョウ、アジメドジョウ、スジシマドジョウ、シマドジョウ、ギギ、アカザ、ナマズ、メダカ、チチブ、ヌマチチブ、ゴクラクハゼ、トウヨシノボリ、カワヨシノボリ、ウキゴリ（35種）

（3）一時的に下流域を生息場とする魚類
　　スナヤツメ、ネコギギ、タカハヤ、デメモロコ、カネヒラ、シマイサキ、クルメサヨリ、シマハゼ（8種）

（4）外国からの移入種

　カダヤシ、ブルーギル、オオクチバス、カムルチー（4種）

　一方、日本の河川は、ヨーロッパなどの河川と比較して、急流部が多いことや魚類の移動も著しいこともあって、河川を上・中・下流に区分することが困難である。長良川全域を眺めた時にも、生息する魚類からみて上・中・下流域の三つに区分することにあまり大きな意味は無いかもしれないが、便宜上、分けてみると以下のようである。

【長良川上流域】：水温は低く、流れは急であって、白波のたつ平瀬と淵が交互に存在して、アマゴ、イワナ、カジカ（大卵型）が生息している。

【長良川中流域】：水量は豊かになり、早瀬、平瀬、淵などがさまざまに組み合わさって、水温もやや高く、アユ、ウグイ、オイカワ、アジメドジョウ、ウナギ、ニゴイなどが生息している。

【長良川下流域】：流速が著しく低下し、河床は砂や泥で、水温はより高く、コイ、フナ、モロコ、ナマズ、オイカワなどが生息している。

　長良川を上記のように区分してみても、実際に現場に出てみると、アユ、アマゴ、ウグイ、オイカワ、カワムツ、カマツカ、ニゴイ、フナ、アジメドジョウ、シマドジョウ、アカザ、カワヨシノボリなどは、全川を通じて採捕確認することができる。このことは魚類の生活と環境との関係を調査する際には、常に留意しておかねばならない。

(7) アユの調理・利用

　岐阜のアユ、長良川のアユは河川から得られる重要なタンパク源・栄養源であり、特に岐阜のような内陸県では、そこで生活する人に密着した極めて大切なものである。このアユをより有効に、おいしく、口に入れる方法を開発することは重要である。この観点から、現在はアユをはじめとした淡水魚の料理方法の開発・研究の手助けをしている。"地産地消"ということにつながる。

　郡上アユを塩焼きにして食べたときの食感は忘れられない。昔から、夏季になってアユが豊富に生息している長良川の辺りにはキュウリのような匂いがすると聞いてきた。いわゆる"香魚"である。ところで、アユはキューリウオ科に属する、または近いといわれてきた。その理由は、形態はもちろんだが、キューリウオと同様な匂いがすることにある。しかし、アユは河床の着生藻類（植物性）を餌料とするのに対し、キューリウオは一生、動物プランクトン（動物性）を食べる。両種は全く異なる食性であるにもかかわらず同じ匂いがするということは、その匂いの発生源がエサにあるのではないということになる。長年の研究の結果、その匂いは幼魚期に皮膚組織の中でつくられた化学物質によるものであることが解明されてきた。一方、アユの味は成育した河川によって異なり、それぞれの河川のアユはそこの流域の人々に好まれているようである。この点からすれば、アユの味は餌、水質によって左右されるものと思われる。以前、長良川・揖斐川・木曽川の下流域（河口から50～60km上流）で7月に採捕した体長12～15cmのアユを塩焼きにして試食してもらったことがある。いわゆる官能検査である。試食会に参加していただいた人は、河川工事、水産、生物調査などに関わる成人であっ

第2章　長良川のアユの一生

た。結果は、三河川の区別が全くされなかった。この結果から、河川の下流域では餌となる着生藻類の性状に、それぞれの河川による違いが大きくないことを示していると思われた。和良川、飛騨川の支流で育ったアユを食べたことがあるが、決して長良川アユに劣るものではなかった。白滝さんが「郡上地方の地質は共通で、これが基で長良川・和良川・馬瀬川のアユはみな美味です」と言われたことを思い出した。

　生物が生育するときの環境は重要である。前述してきたように、アユは川で生活し、河床の着生藻類を餌として夏季の3～4カ月で著しい成長をする。体は水中にあり、その水で呼吸をし、その身は常に水環境の中にあることになるから、水質の影響を直接受ける。藻類はその水で育つ。藻が育つには栄養分が必要である。その栄養分は長良川周辺の山々の広葉樹の落木・落葉を介して長い年月をかけて流下してくる極めて大切なものである。しかし、その広葉樹林は近年、その数を減らしたがために、河川が乱れる状況が生じた。これを回復させようと、最近では植樹活動が盛んである。また、周辺の山間地では高原野菜の栽培が盛んであり、そこからの農業排水や、道路整備が進行して、凍結防止薬剤の使用なども加わって、一時期、長良川の水質が問題視されたこともあった。しかしその後、改善策が講じられて、農薬利用の制限や排水路の整備などによって、長良川への悪影響が軽減されているようである。長良川の水環境は、このような歴史を経て、現在では美味なアユが成育する条件が整いつつある。

　しかし、私たちの口に入るアユが、いつもそのような地域で育ったわけではない。食事の際に障害となる泥・砂を除去するために、わた（腸）を抜いて食べることも多くある。現在では、「このアユ

は○○川産だから内臓は食べないように」という指導もある。そんなときには、料理方法が大きな比重を占める。昔の人は、「アユを食するときに、頭から尻尾まで何も残さずに食べるのが通の食べ方だ」と言った。今の時代、時として「骨が硬い」とか「砂が多い」とかで同じようには食べられないことがある。このことに関連して、料理方法などを考案して克服することが必要となる。でも、何とかしてアユの味を損なわないようにしたいものである。

　長良川から人々が食料にしている淡水魚は、アユの他に、アマゴ、イワナ、オイカワ、フナ、ナマズ、ウグイ、アジメドジョウなどがある。特に、サケ科のアマゴやイワナは上流域の清流に生息しているが、餌は水生昆虫や上空の木々からの落下昆虫が主体である。そのために、通常は料理の際には内臓は除去される。アジメドジョウはアユと同様に河床の藻を食んで生活しているが、これが原因で味や香りが河川によって違いがあるとは聞かない。ただし、"流れ"や水質の影響で体形に差が出ることは確認されている。例えば、長良川のアジメドジョウはよく肥っているのに対して、揖斐川のアジメドジョウは細身である。流域の人々の食生活をみても、長良川水系の人々に比べて、揖斐川水系の人はあまり食べる習慣が無いようである。また、アジメドジョウは藻を啄むように摂るために、藻類以外はあまり砂や泥が消化管内にみられないので、丸のまま、から揚げにして食しても抵抗感は無い。結局、内臓を除去しないで、積極的に内臓を利用して食べているのは、アユの特性ということになるのだろうか。なお、この内臓は、別に料理されて"アユのうるか"と称し、酒の友として珍重されている。

　アユ料理の普及という観点からいえば、家庭や、身近な人々の集まりなどで、手軽で、しかも当たり外れの無い料理法（レシピ）の

第2章　長良川のアユの一生

開発は大切だと思う。岐阜県内で採捕されるアユのうち、市場に出回る量は10分の1以下である。大半は自家消費であることを考えれば、このことは重要である。おそらく、大抵の人は、家庭内では塩焼きかフライで食していると思われる。県の統計では、アユの漁獲量は20年前と比較して4分の1に減少している。これらのことを反映して、さらに、岐阜・長良川のアユが世界農業遺産に認定されたことを機会にして、近々、岐阜県下で広く家庭内で作られているアユ料理を整理し、さらに開発する方向で岐阜県庁と歩調を合わせた研究会、すなわち"岐阜県淡水魚調理研究会"が発足する予定である。おそらく、レシピ集の発行も行われるであろうから、岐阜県民の間でアユの利用の裾野が広がり、淡水魚の利用の拡大へも向かう

アユの唐揚げ

アユのコンフィ

アユ飯

アユのコンフィバーガー

(8) 岐阜市のレッドリスト掲載種のカテゴリー区分、準絶滅危惧種にアユ（天然）

アユのコンフィスパゲティ

アユの五平餅

アユ味噌

ことが期待される。

　なお、アユに限らず、淡水魚の利用は減少しているものと思われる。アユ以外の魚類も、最近20年の間に、県下での漁獲量は10％以下に減少していることが、何よりもそのことを示している。あらためて、県内産の淡水魚を"地産地消"の意味を込めて、広く利用する方向を検討したいと考えている。

（8）岐阜市のレッドリスト掲載種のカテゴリー区分、準絶滅危惧種にアユ（天然）

　岐阜市は、アユ（天然）を魚類の準絶滅危惧種に選定した。その後、注意書きの（天然）を（天然遡上）に変更した。その選定根拠

第2章　長良川のアユの一生

として、①1990年代半ば以後に漁獲量が激減していること、②孵化仔魚が海にたどり着くまでに死滅している可能性があり、河口堰の下流に幼魚を放流しなければ、個体数を維持することが難しくなったことが挙げられている。選定理由として、環境改変が示されている点は、将来を見据えた種の保全を考えた方向だと理解される。近々、①②を選定根拠とするデータ、資料、具体的な解説が示されるであろう。実際に長良川のアユを調査していると、今回の岐阜市の方向と、県が行っている国連食糧農業機関から認定された水産魚類、すなわち長良川上・中流域の"清流長良川の鮎"との接点はどこにあるのか、矛盾は無いのかが疑問として浮かんでくる。アユに関して、従来からその時代的変化は"アユの漁獲高"が基準値として用いられることが多い。40年ほど前に、河川漁業の漁獲高はどのように数値化されているのか疑問に思い、調べてみたことがある。まず、川魚は自前で採捕から料理まで行うのが通例であり、隣近所で消費してしまうことが多々あって、統計上の不確実性が際立った。また当時、上流域でアユが遡ってこない河川において、アユの統計上の漁獲高からの採捕尾数が放流量を超えるという話も聞こえてきた。さらに、自家消費と市場出荷の比率の変動などの不安定要素が著しく多いとも教えられてきた。最近は、これらの要素を統計学的にうまく扱う技術が向上したとはいいながら、十分に留意しなければならない。いわゆる計算上の話と現実の話の矛盾を解く必要がある。

　同様の事柄は、アユに限らず他の魚種についてもいえることで、放流などのヒトによる管理の発達している魚類については、その思考の方向が丁寧に示される必要がある。これによく似た話がかなり以前にもあった。岐阜県でレッドデータリスト掲載種の検討会が開

(8)岐阜市のレッドリスト掲載種のカテゴリー区分、準絶滅危惧種にアユ(天然)

始されたときに、"サツキマスの扱い方"が話題になった。各関連機関（岐阜県、水産庁、環境庁など）が協議を重ねた結論は、①サツキマスはアマゴと同種であり、特別に扱うのではなく"アマゴ"とする。②サツキマスはアマゴと同様に水産業種として岐阜県でも貴重な魚種であり、放流事業も昔から実施され、成長が早いことや海へ降海するのに適しているということでスモルト（銀毛）アマゴの放流が積極的に行われていることなどの事情によって、岐阜県のレッドリスト種には含めないことにしよう、と結論したのであった。この発想は大きな矛盾点もなく、偏った考えではなくて現在にも相通ずるものがある。アユに関しても、今後もより深まった議論がなされてより良い方向が示されることが期待される。

第3章　まとめ

　長良川のアユを調査して40年が経過した。この間に長良川河口堰の建設・運用という劇的な環境変化があり、自然の成り行きとして、河口堰の環境への影響が中心的課題となったこともあった。堰が運用された1995年の数年前は、長良川での私の経験上、最も魚類の種も量も多かった時代だと思う。特に、海産魚の遡上が活発だった。堰運用の20年間の状況を振り返ると、近視眼的（5年間ほど）にはアユの生息状況に関して大きな変化がみられたこともあった。しかし、10年そして20年と長い期間をみると、生息状況（産卵孵化仔魚の降下量、若アユの遡上量、中・下流での生息量など）が良好であったり、不良であったり、さまざまな状況が繰り返しみられた。それぞれの状況にはそれなりの理由（原因）があるのだろう。アユに関して河口堰の影響を総括してみようといろいろ試みてきたが、その過程の中で科学的に困難な要素が多くあることを痛感した。最大の問題は、「アユの生息環境・生息状況の全国的な傾向と長良川の状況が比較できる資料は存在するのか」、そして、「時代的変遷にはどのような方向性がみられるのか」である。さらに、「河川に人工物ができて、何の影響も無いはずがない」という面と「生物は諸々の環境変化に対応して生活している」という面の二つの関係のすり合わせの困難を打破する作業がついて回る。

　調査をしていて最も考え込んだのは、「この課題・テーマを検討するためには、どのような資料・データをどのような手法・方法で蓄積すればよいのか」、言い換えれば「このデータ・結果で何がい

第3章　まとめ

えるのか」という点であった。調査結果から求める結論に無理は無いのか。自然は変化する。生物調査をする場合に常に悩まされる難関である。そして最後には"ヒトも自然・生物の一員である"という誰もが口にする言葉が思い浮かぶ。その意味するところは深遠である。

あとがき

　20代半ばのときに「自然（生物）に関わる調査は、20年、30年、40年と長い期間の積み重ねが必要である。そして、それを継続するには、揺るぎない決意と努力以外に道はない」と考え、この調査を自らの人生の一部に位置付けて、独力で自由に進めようと始めてから40年を越えました。この間、長良川郡上漁業協同組合、長良川漁業協同組合、揖斐川西濃水産漁業協同組合、水資源機構長良川河口堰管理事務所、岐阜県農政部水産振興室、三重県津農林水産事務所漁政部には長い間、調査にご協力いただきました。お礼申し上げます。また、40年間の野外調査はどこにも所属せず、外的支援が無い状態で行ってきたにもかかわらず、淡水魚類研究会会員の方々には快く調査を手伝っていただきました。特に、冬季（11・12月）の仔アユ降下調査では、雪の降る中、ぶるぶる震えながら夜間に協力していただきました。涙が出るほどでした。深く感謝申し上げます。最後になりますが、科学の基本は可能な限り、信用のある多くのデータ・資料（根拠）に基づいて判断をするもので、決して先入観で根拠の不明な結論を導き出すべきではないという精神が、困難な野外調査で維持できましたのも、研究会会員の方々のおかげです。まだ、どうしても調べておきたい課題があります。もう少し頑張ります。

ご協力を頂いた研究会会員の方々
石川美佐子・稲垣あすか・今村純・小椋郁夫・金田和美・駒田致和・澤田紀子・高田誠・冨野佐保・中村光孝・服部ゆみ子・前田香織・村瀬温子・山上将史・山田久美子・渡邉美咲（敬称略）
なお、本文中のアユ料理写真は冨野佐保氏・渡邉美咲氏の提供による。

〈参考文献〉

駒田格知（1977）：海産・湖産・人工孵化アユにおける椎体の成長．魚類学雑誌、24（2）：128〜134．

駒田格知（1980）：アユ稚魚における歯系および歯の交換．魚類学雑誌、27（2）：144〜155．

Komada, N.（1980）：Incidence of gross malformations and vertebral anomalies of nature and hatchery plecoglossus altivelis. Copeia, 1980（1）：29〜35．

駒田格知（1982）：アユ稚魚における歯骨歯の成長と交換．魚類学雑誌、29（2）：213〜219．

駒田格知（1985）：硬骨魚類、主としてアユの歯系の発達と摂餌適応について．成長、24（1・2）：1〜61．

Komada, N.（1985）：Occurrence and formation of vertebral anomalies in hetcherry reared ayu, plecoglossus altivelis. Growth, 49, 318〜340．

駒田格知（2004）：長良川下流域における魚類の生息状況—1988年から2002年まで—．淡水魚類研究会会報10（別冊）：1〜72．

宮地伝三郎（1960）：アユの話、岩波新書、東京．

塚本勝巳（1991）：長良川・木曽川・利根川を流下する仔アユの日齢．Nippon Suisan Gakkaishi, 57（11）：2013〜2022．

駒田格知（こまだ のりとも）
　昭和20年5月12日生（三重県）
　岐阜大学大学院農学研究科（修士課程）修了、京都大学研究生、岐阜大学・
　　医学博士
　岐阜歯科大学（現朝日大学歯学部）助手、講師、助教授
　岐阜歯科大学大学院歯学研究科（博士課程）兼任
　名古屋女子大学教授
　名古屋女子大学大学院生活学研究科（修士課程）兼任
　（名古屋工業大学非常勤講師、藤田学園大学医学部客員助教授、
　　建設省土木研究所招聘研究員、岐阜大学農学部非常勤講師　等）

現在
　　名古屋女子大学法人本部教学顧問
　　名古屋女子大学特任教授
　　名古屋女子大学大学院生活学研究科研究科長
　　㈱東海応用生物研究所役員代表
　　岐阜県内水面漁場管理委員会委員
　　ダムフォローアップ委員会委員
　　環境省希少野生動植物種保存推進員　他
　　岐阜県瑞穂市在住

著書
　　歯の比較解剖学（魚類の歯担当）医歯薬出版株式会社　1986年
　　やさしい解剖生理学（共著）金芳堂　1988年
　　図説　解剖生理学（共著）東京教学社　1988年
　　解剖生理学実験（共著）建帛社　2003年

長良川のアユ
― 40年間の現地調査から ―

2016年8月13日発行

著 者	駒 田 格 知
発 行	株式会社岐阜新聞社 総合メディア局出版室 〒500-8822　岐阜市今沢町12 ☎058-264-1620（出版直通）
印 刷	西濃印刷株式会社 〒500-8074　岐阜市七軒町15 ☎058-263-4101

無断転載はお断りします。落丁、乱丁本はお取り替えします。
ISBN978-4-87797-233-2　C0045